高职高专"十二五"规划教材

锻压与冲压技术

杜效侠　主编

北　京

冶金工业出版社

2012

内 容 简 介

本书阐述了锻压与冲压技术成型方法的基本理论和相关工艺，介绍了锻压、冲压技术成型的特点、分类和相应的工艺方法，以及各种锻压设备、冲压设备的组成、工作原理、使用方法。

本书可作为大专院校冶金专业学生的教学用书，也可供冶金企业技术工人参考阅读。

图书在版编目（CIP）数据

锻压与冲压技术／杜效侠主编 . —北京：冶金工业
出版社，2012.1
高职高专"十二五"规划教材
ISBN 978-7-5024-5801-0

Ⅰ. ①锻… Ⅱ. ①杜… Ⅲ. ①锻压—高等职业教育—
教材 ②冲压—高等职业教育—教材 Ⅳ. ①TG31

中国版本图书馆 CIP 数据核字（2011）第 261352 号

出 版 人 曹胜利
地 址 北京北河沿大街嵩祝院北巷 39 号，邮编 100009
电 话 (010)64027926 电子信箱 yjcbs@ cnmip. com. cn
责任编辑 王雪涛 美术编辑 李 新 版式设计 葛新霞
责任校对 郑 娟 责任印制 张祺鑫
ISBN 978-7-5024-5801-0
北京百善印刷厂印刷；冶金工业出版社出版发行；各地新华书店经销
2012 年 1 月第 1 版，2012 年 1 月第 1 次印刷
787mm×1092mm 1/16；8.25 印张；198 千字；125 页
20. 00 元

冶金工业出版社投稿电话：(010)64027932 投稿信箱：tougao@cnmip. com. cn
冶金工业出版社发行部 电话：(010)64044283 传真：(010)64027893
冶金书店 地址：北京东四西大街 46 号(100010) 电话：(010)65289081(兼传真)
（本书如有印装质量问题，本社发行部负责退换）

前　言

"锻压与冲压技术"是高等职业院校工科专业的一门技能拓展课程，主要面向材料成型类专业学生，培养学生从事材料成型岗位群所需的专业理论知识和基本技能，包括锻压和冲压两部分。本课程作为一门技能拓展课在材料工程专业课程设置系统中起着重要的作用，进一步扩展了学生的知识面，培养了学生的实际动手操作能力，使学生达到一专多能，为其将来从事不同岗位的工作提供相应帮助。

全书分为两个大情境，即情境一：锻造技术；情境二：冲压技术。其中，情境一包含五个工作任务，情境二包含三个工作任务。

本书的编写尽量做到理论与实际相结合，融"教—学—做"于一体的模式，吸取国内外的先进技术，注意反映工业企业的生产实际，以便既能对当前开展生产有所帮助，也能对将来技术发展有所启发。

通过本课程的学习，使学生系统地了解锻压与冲压成型方法的适用领域，掌握锻压与冲压技术的相关理论、方法、成型特点等知识，熟悉各种锻压和冲压设备组成、结构及其工作特点，理解锻压和冲压技术成型方法的基本知识和相应工艺，进而扩展学生的知识面，使其掌握更多的成型方法，达到能解决生产现场实际问题的效果，完成本专业的培养目标。

具体的培养目标如下：

一、知识性目标

了解锻压与冲压技术成型方法的基本理论和相关工艺，掌握锻压、冲压技术成型的特点、分类及相应的工艺方法，熟悉各种锻压设备、冲压设备的组成、工作原理及使用方法。

二、能力目标

（1）能正确地操作自由锻机，并进行一些简单的锻压成型。

（2）能够制定简单的自由锻工艺规程。

（3）能正确地操作模锻常用设备，并进行一些简单的锻压成型。

（4）能够进行一些简单的锻模设计。

（5）能正确地操作简单的冲压机，并进行一些简单的冲压成型。

本书由天津冶金职业技术学院杜效侠担任主编，天津汽车锻造有限公司孙玉新担任副主编，天津汽车制造集团有限公司刘共海担任主审，王磊、臧焜岩、贾寿峰参编。全书由杜效侠统稿。本书情境一任务一由王磊编写；任务二由杜效侠编写；任务三由王磊、杜效侠编写；任务四由臧焜岩、杜效侠编写；任务五由贾寿峰编写；情境二任务一由孙玉新编写；任务二由臧焜岩、杜效侠编写；任务三由杜效侠编写。

　　由于本书编者水平所限，书中不妥之处在所难免，恳请读者批评指正。

编　者

2011 年 10 月

目 录

锻 造 技 术

任务一　锻造概论

能力目标：具有分析现阶段锻造生产现状及发展趋势的能力。
知识目标：掌握锻造的类别、特点及其在国民经济中的作用。

任务描述

锻造是机械制造中常用的成型方法。通过锻造能消除金属的铸态疏松及焊合孔洞，锻件的力学性能一般优于同种材料的铸件。机械设备中负载高、工作条件严峻的重要零件，除形状较简单的可用轧制的板材、型材或焊接件外，多采用锻件。

锻造是对金属坯料（不含板材）施加外力，使其产生塑性变形并改变尺寸、形状及改善性能，用以制造机械零件、工件、工具或毛坯的成型加工方法。本任务阐述了锻造的类别、特点及其在国民经济中的作用，分析了现阶段锻造生产现状及发展趋势。

相关资讯

一、锻造加工金属零件的优势

锻造是一种借助工具或模具在冲击或压力作用下加工金属机械零件或零件毛坯的方法。与其他加工方法相比，锻造加工生产率最高；锻件的形状、尺寸稳定性好，并有最佳的综合力学性能，锻件的最大优势是韧性高、纤维组织合理，锻件与锻件之间性能变化小，锻件的内部质量与加工历史有关。图 1.1.1 表示出铸造、机械加工、锻造三种金属加工方法得到的零件低倍宏观流线。

锻件的优势是由于金属材料通过塑性变形后，消除了内部缺陷，如锻（焊）合空洞，压实疏松，打碎碳化物、非金属夹杂并使之沿变形方向分布，改善或消除成分偏析等，可得到了均匀、细小的低倍和高倍组织。而铸造工艺得到的铸件，尽管能获得较准确的尺寸和比锻件更为复杂的形状，但难以消除疏松、空洞、成分偏析、非金属夹杂等缺陷；铸件

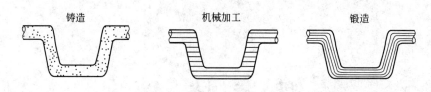

图 1.1.1 三种加工方法所得零件低倍宏观流线示意图

的抗压强度虽高，但韧性不足，难以在受拉应力较大的条件下使用。机械加工方法获得的零件，尺寸精度最高，表面光洁，但金属内部流线往往被切断，容易造成应力腐蚀，承载拉压交变应力的能力较差。

锻造用材料涉及面很宽，既有多种牌号的钢及高温合金，又有铝、镁、钛、铜等有色金属；既有经过一次加工成不同尺寸的棒材和型材，又有多种规格的锭料；除了大量采用适合我国资源的国产材料外，又有来自国外的材料。所锻材料大多数是已列入国家标准，也有不少是研制、试用及推广的新材料。众所周知，产品的质量往往与原材料的质量密切相关，因此对锻造工作者来说，必须具有广博的材料知识，要善于根据工艺要求选择最合适的材料。

二、锻造和锻造设备的种类和特点

1. 锻造生产根据使用工具和生产工艺分类

锻造生产根据使用工具和生产工艺的不同可分为：

（1）自由锻造。

一般是指借助简单工具，如锤、砧、型砧、摔子、冲子、垫铁等对铸锭或棒材进行镦粗、拔长、弯曲、冲孔、扩孔等方式生产零件毛坯。加工余量大，生产效率低；锻件力学性能和表面质量受生产操作工人的影响大，不易保证。这种锻造方法只适合单件或极小批量或大型锻件的生产；另外，模锻的制坯工步有时也采用自由锻。

自由锻设备依锻件质量大小而选用空气锤、蒸-空气锤或锻造水压机。

自由锻还可以借助简单的模具进行锻造，亦称胎模锻，其效果要比人工操作效率高，成型效果亦大为改善。

（2）模锻。

模锻是指将坯料放入上、下模块的型槽（按零件形状尺寸加工）间，借助锻锤锤头、压力机滑块或液压机活动横梁向下的冲击或压力成型为锻件。锻模的上、下模块分别固紧在锤头和底座上。模锻件余量小，只需少量的机械加工（有的甚至不加工）。模锻生产效率高，内部组织均匀，件与件之间的性能变化小，形状和尺寸主要是靠模具保证，受操作人员的影响较小。模锻须借助模具，加大了投资，因此不适合单件和小批量生产。模锻还常需要配置自由锻或辊锻设备制坯，尤其是在曲柄压力机和液压机上模锻。

模锻常用的设备主要是模锻锤、曲柄压力机、模锻液压机等。

（3）特种锻造。

有些零件采用专用设备可以大幅度提高生产率，锻件的各种要求（如尺寸、形状、性能等）也可以得到很好的保证。如螺钉，采用锹头机和搓丝机，生产效率成倍增长。利用摆动辗压生产盘形件或杯形件，可以节省设备吨位，即用小设备干大活。利用旋转锻造生产棒材，其表面质量高，生产效率也较其他设备高，操作方便。特种锻造有一定的局限性，特种锻造机械只能生产某一类型产品，因此适合于生产批量大的零配件。

2. 根据锻造的温度区域分类

根据锻造的温度区域不同可分为：冷锻、温锻、热锻三个成型温度区域。当温度超过300～400℃（钢的蓝脆区），达到700～800℃时，变形阻力将急剧减小，变形能也得到很大改善。一般地讲，针对锻件质量和锻造工艺要求的不同，不加热在室温下的锻造称为冷锻。温度不超过再结晶温度时进行的锻造称为温锻。在有再结晶的温度区域的锻造称为热锻。

在低温锻造时，锻件的尺寸变化很小。在700℃以下锻造，氧化皮形成少，而且表面无脱碳现象。因此，只要变形能在成型能范围内，冷锻容易得到很好的尺寸精度和较低的表面粗糙度。只要控制好温度和润滑冷却，700℃以下的温锻也可以获得很好的精度。热锻时，由于变形能和变形阻力都很小，可以锻造形状复杂的大锻件。要得到高尺寸精度的锻件，可在900～1000℃温度域内用热锻加工。另外，要注意改善热锻的工作环境。锻模寿命（热锻2000～5000个，温锻1万～2万个，冷锻2万～5万个）与其他温度域的锻造相比是较短的，但它的自由度大，成本低。

坯料在冷锻时要产生变形和加工硬化，使锻模承受高的荷载，因此，需要使用高强度的锻模和采用防止磨损和黏结的硬质润滑膜处理方法。另外，为防止坯料裂纹，需要进行中间退火以保证需要的变形能力。为保持良好的润滑状态，可对坯料进行磷化处理。在用棒料和盘条进行连续加工时，目前对断面还不能作润滑处理，正在研究使用磷化润滑方法的可能性。

模锻按成型温度可以分为以下几种，见表1.1.1。

表1.1.1　模锻按成型温度划分

名　称	特　点
热　锻	终锻温度高于再结晶温度的锻造过程，工件温度高于模具温度
冷　锻	室温下进行的或低于工件再结晶温度的锻造
温　锻	介于热锻及冷锻之间的加热锻造

3. 根据坯料的移动方式分类

根据坯料的移动方式分为自由锻、镦粗、挤压、模锻、闭式模锻、闭式镦锻。闭式模锻和闭式镦锻由于没有飞边，材料的利用率高。用一道工序或几道工序就可能完成复杂锻件的精加工。由于没有飞边，锻件的受力面积减少，所需要的荷载也减小。但是，应注意不能使坯料完全受到限制，为此要严格控制坯料的体积，控制锻模的相对位置和对锻件进行测量，尽量减少锻模的磨损。

4. 根据锻模的运动方式分类

根据锻模的运动方式分为摆辗、摆旋锻、辊锻、楔横轧、辗环和斜轧等方式。摆辗、摆旋锻和辗环也可用精锻加工。为了提高材料的利用率，辊锻和楔横轧可用作细长材料的前道工序加工。与自由锻一样的旋转锻造也是局部成型的，它的优点是与锻件尺寸相比，锻造力较小的情况下也可实现形成。包括自由锻在内的这种锻造方式，加工时材料从模具面附近向自由表面扩展，因此，很难保证精度，所以，将锻模的运动方向和旋锻工序用计算机控制，就可用较低的锻造力获得形状复杂、精度高的产品，例如生产品种多、尺寸大的汽轮机叶片等锻件。

5. 锻造设备的分类

锻造设备可分为下述四种形式：

(1) 限制锻造力形式：油压直接驱动滑块的油压机。

(2) 准冲程限制形式：油压驱动曲柄连杆机构的油压机。

(3) 冲程限制形式：曲柄、连杆和楔机构驱动滑块的机械式压力机。

(4) 能量限制形式：利用螺旋机构的螺旋和摩擦压力机。

为了获得高的精度应注意防止下死点处过载，控制速度和模具位置。因为这些都会对锻件公差、形状精度和锻模寿命有影响。另外，为了保持精度，还应注意调整滑块导轨间隙、保证刚度，调整下死点和利用补助传动装置等措施。

此外，根据滑块运动方式还有滑块垂直和水平运动（用于细长件的锻造、润滑冷却和高速生产的零件锻造）方式之分，利用补偿装置可以增加其他方向的运动。上述方式不同，所需的锻造力、工序、材料的利用率、产量、尺寸公差和润滑冷却方式都不一样，这些因素也是影响自动化水平的因素。

锻造工艺在锻件生产中起着重要作用。工艺流程不同，得到的锻件质量（指形状、尺寸精度、力学性能、流线等）有很大的差别，使用设备类型、吨位也相差甚远。有些特殊性能要求只能靠更换强度更高的材料或新的锻造工艺解决，如航空发动机压气机盘、涡轮盘，在使用过程中，盘缘和盘毂温度梯度较大（高达 300 ~ 400℃），为适应这种工作环境，出现了双性能盘，通过适当安排锻造工艺和热处理工艺，生产出的双性能盘能同时满足高温和室温性能要求。工艺流程安排恰当与否，不仅影响质量，还影响锻件的生产成本；最合理的工艺流程应该是得到的锻件质量最好，成本最低，操作方便、简单，而且能充分发挥出材料的潜力。

对工艺重要性的认识是随着生产的深入发展和科技的不断进步而逐步加深的。等温锻造工艺的出现，解决了锻造大型精密锻件和难变形合金需要特大吨位设备和成型性能差的难题。锻件所用材料、锻件形状千差万别，所用工艺不尽相同，如何正确处理这些问题正是锻造行业工程师的任务。

锻件应用的范围很广，几乎所有运动的重大受力构件都由锻造成型，不过推动锻造（特别是模锻）技术发展的最大动力是来自交通工具制造业——汽车制造业和后来的飞机制造业。锻件尺寸、质量越来越大，形状越来越复杂、精细，锻造的材料日益广泛，锻造的难度更大，这是由于现代重型工业、交通运输业对产品追求的目标是长的使用寿命、高度的可靠性，如航空发动机，推重比越来越大；一些重要的受力构件，如涡轮盘、轴，压气机叶片、盘、轴等，使用温度范围变得更宽，工作环境更苛刻，受力状态更复杂而且受力急剧增大。这就要求承力零件有更高的抗拉强度、疲劳强度、蠕变强度和断裂韧性等综合性能。

随着科技的进步，工业化程度的日益提高，要求锻件的数量逐年增长。据国外预测，到 21 世纪末，飞机上采用的锻压（包括板料成型）零件将占 85%，汽车将占 60% ~ 70%，农机、拖拉机将占 70%。目前全世界仅钢模锻件的年产量就在 1000 万吨以上。

三、锻造业的历史沿革及发展

锻造在机器制造业中有着不可代替的作用，正如前面所论述的，由锻造方法生产出来的锻件，其性能是其他加工方法难以与之匹敌的。锻造（主要是模锻）的生产效率是相当高的，一个国家的锻造水平，反映了这个国家机器制造业的水平。

几千年前，锻造技术就被人们所掌握。早期的锻造产品是武器、首饰和日用品，其中最为著名的是陕西秦始皇兵马俑坑出土的公元前200年以前锻制的三把合金钢宝剑，其中一把至今仍光艳夺目，锋利如昔；另一件锻制品是在同一历史阶段（即公元前几世纪至公元3世纪）生产出来用作船锚的德里铁柱，其直径为400mm，长达7.25m。

锻造技术真正获得较大发展是在工业化革命时期，1842年，内·史密斯发明了双作用锤，这种锻锤具备现代直接在活塞杆上固定锤头的锻锤结构的所有特点。接着，1860年，哈斯韦尔（Haswell）发明了第一台自由锻水压机。这些设备的出现标志着锻压技术成为一门具有影响力的学科的开始。

促使锻压真正成为一门学科的屈雷斯卡（Tresca）和密赛斯（Mises）先后在1864年和1913年发现了金属进行塑性变形的条件及屈服准则。此后许多学者对金属塑性变形进行了详细的理论研究，其中较为著名的是前苏联学者古布金较为全面、系统地论述了压力加工原理，从而奠定了压力加工学科的理论基础。

锻压经过100多年的发展，今天已成为一门综合性学科。它以塑性成型原理、金属学、摩擦学为理论基础，同时涉及传热学、物理化学、机械运动学等相关学科，以各种工艺学，如锻造工艺学、冲压工艺学等为技术，与其他学科一起支撑着机器制造业。锻压这门较老学科至今仍朝气蓬勃，在众多的金属材料和成型加工的国际、国内学术交流会议上仍十分活跃。

我国是一个发展中国家，经过近半个世纪的建设，锻造工业可以说从无到有、从小到大。到20世纪80年代，全国有锻造厂点4000多个，拥有锻锤11000台，模锻锤250多台，热模锻压力机约40台，10000kN以上的螺旋压力机20余台，模锻水压机最大吨位达到300000kN，自由锻水压机最大吨位达到125000kN，对击锤达到100kN，年生产锻件能力达到290万吨。到90年代末，大型锻压设备台、套数成倍增加，几十条锻件生产线已被建立起来，为我国机器制造业持续高速发展奠定了雄厚的基础。

与发达工业国家相比，目前我国锻造设备无论是数量、吨位、种类还是性能都有较大差距。在11000台锻锤中，400kg以下的空气锤有8200台左右，约占74%。以联邦德国为例，到20世纪70年代，就拥有模锻锤2100台，曲柄压力机290台，螺旋压力机798台，分别是我国80年代拥有模锻锤和曲柄压力机数量的8.4倍和7.2倍。世界上最大的模锻水压机安装在前苏联，为750000kN；美国拥有的模锻水压机为450000kN。

从锻造发展趋势看，模锻生产占主导地位，如1979年，苏联模锻件产量就已占全部锻件的67.5%，日本为55%，美国为73%，而我国只占26%，约30万吨。

随着我国跻身世界钢铁生产大国的行列，年产钢材6000万吨，汽车制造业、飞机制造业以及发电设备、机车、轮船制造业的飞速发展，对锻件需求量日益增大，必然促进锻造技术的发展，使锻造业与飞跃发展的制造业相适应。

四、锻压技术面临的任务与挑战

我国的经济体制发生了根本的变化，由过去的计划经济过渡到现在的市场经济，锻压生产虽然生产效率高，锻件综合性能高，节约原材料和机械加工工件；但生产周期较长，成本较高，处于不利的竞争地位。铸造、焊接、机械加工都加入了竞争。锻造生产要跟上当代科学技术的发展，须不断改进技术，采用新工艺、新技术，进一步提高锻件的性能指标；同时要缩短生产周期，降低成本，使之在竞争中处于优势地位。

当代科学技术的发展对锻压技术本身的完善和发展有着重大的影响，这主要表现在以下几个方面。

首先，材料科学的发展对锻压技术有着最直接的影响。材料的变化，新材料的出现必然对锻压技术提出新的要求，如高温合金、金属间化合物、陶瓷材料等难变形材料的成型问题。锻压技术也只有在不断解决使用新型材料带来的问题的情况下才能得以发展。

其次，新兴科学技术的出现，当前主要是计算机技术在锻压技术各个领域的应用。如模锻计算机辅助设计与制造（CAD/CAM）技术、锻造过程的计算机有限元数值模拟技术的应用，无疑会缩短锻件生产周期，提高锻件设计和生产水平。

最后，机械零件性能的更高要求。现代交通工具如汽车、飞机、机车的速度越来越高，负荷越来越大，除更换强度更高的材料外，研究和开发新的锻造技术，挖掘原有材料的潜力也是一条出路，如近年来出现的等温模锻、粉末锻造，以及适应不同温度-载荷的双性能锻件锻造工艺等。我国已能用整体毛坯生产钛合金双性能压力机盘，前苏联能生产出高温合金双性能叶片。

目前，锻造业面临的问题大致可以归纳为如下几个方面：

（1）装备水平低，其主要表现是设备老化、精确度低，因为锻造设备一次性投资大，所以更新速度慢，设备配套跟不上，给新工艺、新技术的实施带来一定的难度。

（2）管理体制亟待理顺，生产厂点过多，力量分散。据1981年对全国41个工业城市的统计，锻压厂点4000个，专业化厂不足1%，250台模锻设备分散在130多家，有的厂点只有一两台设备，形不成生产基地。而苏联1979年锻造厂点1050个，其中专业厂就占129家，占锻压厂点的19%。

（3）机器制造厂家封闭式经营生产，有的只顾眼前利益，宁可在本厂采用机加工或焊接等工艺制造，也不愿拿出去让外厂锻造，其结果使产品缺乏竞争力。有的行业，本不具备生产锻件的能力，为了本部门利益，也上锻造生产线，更谈不上技术进步。

（4）科学研究投入少，接受新技术新工艺迟缓，其结果导致搞科研也搞生产，生产厂家的问题无人去解决。国外专业化工厂普遍利用计算机进行辅助设计、制造、工艺模拟，而国内只有少数专业化厂刚刚起步。

锻造业既面临着发展机遇也面临着挑战，要想有较大的发展，锻造工艺技术必须要先行发展，不断完善和提高，这也是摆在从事锻压技术的每一位工程技术人员、管理人员和科研人员面前的共同任务。

任务实施

上网搜集锻造业目前发展状况和相关知识，到相关企业参观有关锻造的设备，加深感性认识。

任务总结

目前锻造业既面临着发展机遇也面临着挑战，要想有较大的发展，锻造工艺技术必须要先行发展，不断完善和提高，这也是摆在学习锻压技术的每一位同学面前的共同任务。

任务评价

学习任务名称				锻造概论		
开始时间		结束时间		学生签字		
				教师签字		
项 目		技术要求			分 值	得 分
任务要求		（1）方法得当 （2）操作规范 （3）正确使用工具与设备 （4）团队合作				
任务实施报告单		（1）书写规范整齐，内容详实具体 （2）实训结果和数据记录准确、全面，并能正确分析 （3）回答问题正确、完整 （4）团队精神考核				

思考与练习题

---

1. 锻造加工金属零件的优势是什么？
2. 锻造方法是如何分类的，锻造的特点是什么？
3. 试述锻造业的历史沿革及发展。
4. 锻压技术面临的任务与挑战是什么？

任务二 锻件的加热与冷却

能力目标：能正确地操作加热设备，掌握锻造温度的控制方法。
知识目标：了解锻件加热设备基本组成及锻造温度的选择、锻件热处理方法。

任务描述

本任务阐述了锻前加热的基本理论和相关工艺，加热设备的种类、加热工艺规程制定方法及锻件冷却方式。

相关资讯

一、锻件的加热

锻件加热的目的是提高锻件的塑性和降低其变形抗力，即提高锻件的可锻性。除少数具有良好塑性的金属可在常温下锻造成型外，大多数锻件在常温下的可锻性较低，造成锻造困难或不能锻造。如果将锻件加热到一定温度后，可以大大提高可锻性，并只需要施加较小的锻打力，便可使其发生较大的塑性变形，这就是热锻。

加热是锻造工艺过程中的一个重要环节，它直接影响锻件的质量。加热温度如果过高，会使锻件产生加热缺陷，甚至造成废品。因此，为了保证锻件在变形时具有良好的塑性，又不致产生加热缺陷，锻造必须在合理的温度范围内进行。各种锻件材料锻造时允许的最高加热温度称为该锻件的始锻温度；终止锻造的温度称为该锻件的终锻温度。

（一）加热设备

按所用能源和形式的不同，锻造炉有多种分类。

1. 燃煤手锻炉

以燃煤为燃料的加热设备，由炉膛、炉罩、烟筒、风门和风管等组成，如图 1.2.1 所示。它结构简单，操作容易，但生产率低，加热质量不高，在小件生产和维修工作中应用较多。

2. 反射炉

反射炉也是以煤为燃料的火焰加热炉，结构如图 1.2.2 所示。燃烧室中产生的高温炉气越过火墙进入加热室（炉膛）加热坯料，废气经烟道排出，坯料从炉门装取。

反射炉的点燃步骤如下：先小开风门，依次引燃木材、煤焦和新煤后，再加大风门。

3. 油炉和煤气炉

油炉和煤气炉分别以重油和煤气为燃料，结构基本相同，但喷嘴结构不同。油炉和煤

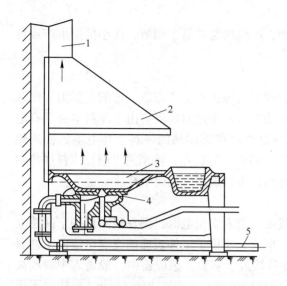

图 1.2.1　手锻炉结构示意图
1—烟囱；2—炉罩；3—炉膛；4—风门；5—风管

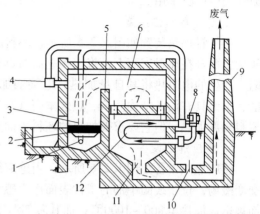

图 1.2.2　反射炉结构示意图
1—一次送风管道；2—水平炉算；3—燃烧室；
4—二次送风管道；5—火墙；6—加热室（炉膛）；
7—装出炉料门；8—鼓风机；9—烟囱；
10—烟闸；11—烟道；12—换热器

气炉的结构形式很多，有室式炉、开隙式炉、推杆式连续炉和转底炉等。图 1.2.3 为室式重油加热炉示意图，由炉膛、喷嘴、炉门和烟道组成。其燃烧室和加热室合为一体，即炉膛。坯料码放在炉底板上。喷嘴布置在炉膛两侧，燃油和压缩空气分别进入喷嘴。压缩空气由喷嘴喷出时，将燃油带出并喷成雾状，与空气均匀混合并燃烧以加热坯料。用调节喷油量及压缩空气的方法来控制炉温的变化。

4. 电阻炉

电阻炉是利用电流通过布置在炉膛围壁上的电热元件产生的电阻热为热源，通过辐射和对流将坯料加热的。炉子通常作成箱形，分为中温箱式电阻炉和高温箱式电阻炉。中温箱式电阻炉如图 1.2.4 所示，以电阻丝为电热元件，通常做成丝状或带状，放在炉内的砖槽中或搁板上，最高使用温度为 1000℃；高温电阻炉通常以硅碳棒为电热元件，最高使用

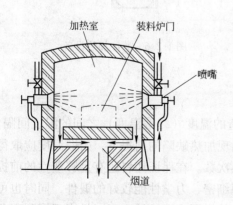

图 1.2.3　室式重油加热炉示意图

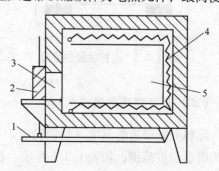

图 1.2.4　箱式电阻炉示意图
1—踏杆（控制炉门升降）；2—炉门；3—装料、出料炉口；4—电热体；5—加热室

温度为 1350℃。

箱式电阻炉结构简单，体积小，操作简便，炉温均匀并易于调节，在小批量生产或科研实验中广泛采用。

5. 电接触加热装置

电接触加热装置如图 1.2.5 所示，坯料的两端由触头夹持，施以一定的夹紧力，使触头紧紧贴合在坯料表面上，将工频电流通过触头引入被加热的坯料。由于坯料本身具有电阻，产生的电阻热将其自身加热。电接触加热是直接在被加热的坯料上将电能转换成热能，因而具有设备结构简单、热效率高（75% ~85%）等优点，特别适于细长棒料加热和棒料局部加热。但它要求被加热的坯料表面光洁，下料规则，端面平整。

6. 感应加热设备

感应加热设备如图 1.2.6 所示，当感应线圈中通入交流电时，则在线圈周围空间建立交变磁场，位于线圈中部的工件表面产生感应电流，密集于工件表面的交变电流使工件表面被迅速加热至 800 ~1000℃，而其芯部温度只接近于室温。感应器中一般通入中频或高频交流电，线圈中交流电的频率越高，工件受热层越薄。工件在加热的同时旋转向下运动，此时可立即喷水冷却已加热的部位。该设备可加热、冷却连续进行，主要用于轴类零件表面的快速加热、冷却，以实现表面淬火的要求。感应电加热设备复杂，但加热速度快，加热规范稳定，具有良好的重复性，适于大批量生产。

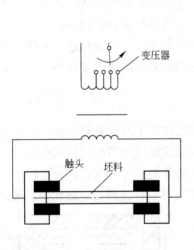

图 1.2.5　电接触加热装置

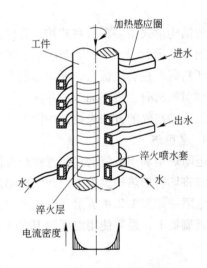

图 1.2.6　感应加热设备

(二) 锻造温度范围

坯料开始锻造的温度（始锻温度）和终止锻造的温度（终锻温度）之间的温度间隔，称为锻造温度范围，如表 1.2.1 所示。在保证不出现加热缺陷的前提下，始锻温度应取得高一些，以便有较充裕的时间锻造成型，减少加热次数。在保证坯料还有足够塑性的前提下，终锻温度应设定得低一些，以便获得内部组织细密、力学性能较好的锻件，同时也可延长锻造时间，减少加热火次。但终锻温度过低会使金属难以继续变形，易出现锻裂现象和损伤锻造设备。

表 1.2.1　常用钢材的锻造温度范围

钢　类	始锻温度/℃	终锻温度/℃	钢　类	始锻温度/℃	终锻温度/℃
碳素结构钢	1200～1250	800	高速工具钢	1100～1150	900
合金结构钢	1150～1200	800～850	耐热钢	1100～1150	800～850
碳素工具钢	1050～1150	750～800	弹簧钢	1100～1150	800～850
合金工具钢	1050～1150	800～850	轴承钢	1080	800

（三）锻造温度的控制方法

1. 温度计法

通过加热炉上的热电偶温度计，显示炉内温度，可知道锻件的温度；也可以使用光学高温计观测锻件温度。

2. 目测法

单件小批生产的条件下可根据坯料的颜色和明亮度不同来判别温度，即用火色鉴别法，见表 1.2.2。

表 1.2.2　碳钢温度与火色的关系

火　色	黄　白	淡　黄	黄	淡　红	樱　红	暗　红	赤　褐
温度/℃	1300	1200	1100	900	800	700	600

（四）碳钢常见的加热缺陷

由于加热不当，碳钢在加热时可出现多种缺陷，碳钢常见的加热缺陷见表 1.2.3。

表 1.2.3　碳钢常见的加热缺陷

名　称	实　质	危　害	防止（减少）措施
氧　化	坯料表面铁氧化	烧损材料；降低锻件精度和表面质量；减少模具寿命	在高温区减少加热时间；采用控制炉气成分的少或无氧化加热、电加热等
脱　碳	坯料表面碳氧化	降低锻件表面硬度，表层易产生龟裂	
过　热	加热温度过高，停留时间长造成晶粒大	锻件力学性能降低，须再经过锻造或热处理才能改善	控制加热温度，减少高温加热时间
过　烧	加热温度接近材料熔化温度，造成晶粒界面杂质氧化	坯料一锻即碎，只得报废	
裂　纹	坯料内外温差太大，组织变化不匀造成材料内应力过大	坯料产生内部裂纹，报废	某些高碳或大型坯料，开始加热时应缓慢升温

二、锻件的冷却

锻件冷却是保证锻件质量的重要环节。通常，锻件中的碳及合金元素含量越多，锻件体积越大，形状越复杂，冷却速度越要缓慢，否则会造成表面过硬不易切削加工、变形甚至开裂等缺陷。常用的冷却方法有三种（表1.2.4）。

（1）空冷。

锻后在无风的空气中，放在干燥的地面上冷却称为空冷。常用于低、中碳钢和合金结构钢的小型锻件。

（2）坑冷。

锻后在充填石灰、砂子或炉灰的坑中冷却的冷却方法称为坑冷。常用于合金工具钢锻件，而碳素工具钢锻件应先空冷至650~700℃，然后再坑冷。

（3）炉冷。

锻后放入500~700℃的加热炉中缓慢冷却的方法称为炉冷。常用于高合金钢及大型锻件。

表1.2.4　锻件常用的冷却方式

方　式	特　点	适用场合
空　冷	锻后置空气中散放，冷速快，晶粒细化	低碳、低合金中小件或锻后不直接切削加工件
坑冷（堆冷）	锻后置干砂坑内或箱内堆在一起，冷速稍慢	一般锻件，锻后可直接切削
炉　冷	锻后置原加热炉中，随炉冷却，冷速极慢	含碳或含合金成分较高的中、大件，锻后可切削

三、锻件的热处理

在机械加工前，锻件要进行热处理，目的是均匀组织，细化晶粒，减少锻造残余应力，调整硬度，改善机械加工性能，为最终热处理做准备。常用的热处理方法有正火、退火、球化退火等。要根据锻件材料的种类和化学成分来选择。

任务实施

燃煤手锻炉点火操作

燃煤手锻炉点火步骤如下：先关闭风门，然后合闸开动鼓风机，将炉膛内的碎木或油棉纱点燃；逐渐打开风门，向火苗四周加干煤；待烟煤点燃后覆以湿煤并加大风量，待煤烧旺后，即可放入坯料进行加热。

任务总结

燃煤手锻炉点火步骤及操作工艺方法。

任务评价

学习任务名称			燃煤手锻炉点火步骤及操作		
开始时间		结束时间	学生签字		
			教师签字		
项　目	技术要求			分　值	得　分
任务要求	（1）方法得当 （2）操作规范 （3）正确使用工具与设备 （4）团队合作				
任务实施报告单	（1）书写规范整齐，内容详实具体 （2）实训结果和数据记录准确、全面，并能正确分析 （3）回答问题正确、完整 （4）团队精神考核				

> 思考与练习题

1. 常用锻造加热设备的种类有哪些？
2. 锻造温度的选择方法是什么？
3. 试述锻件热处理工艺种类。
4. 锻件常用的冷却方法有哪三种？

任务三　自由锻造

能力目标：能正确地操作自由锻机，并进行一些简单的锻压成型。具有制定简单的自由锻工艺规程的能力

知识目标：了解锻压技术成型方法的基本理论和相关工艺。掌握自由锻造成型的特点、分类及相应的工艺方法。掌握自由锻造设备的组成、工作原理及使用方法。

任务描述

本任务阐述了锻压技术成型方法的基本理论和相关工艺及自由锻造成型的特点、分类、工艺规程制定方法，以及自由锻造设备的组成及其工作原理、使用方法。

相关资讯

一、概述

自由锻造通常指手工自由锻和机器自由锻。手工自由锻主要依靠人力利用简单的工具对坯料进行锻打，从而改变坯料的形状和尺寸获得所需锻件，这种方法主要用于生产小型工具或用具。机器自由锻造（简称自由锻），主要依靠专用的自由锻设备和专用工具对坯料进行锻打，改变坯料的形状和尺寸，从而获得所需锻件。

机器自由锻根据其所使用的设备类型不同，可分为锻锤自由锻和水压机自由锻两种，前者用以锻造中小自由锻件，后者主要用以锻造大型自由锻件。径向锻造机锻造是近些年才发展起来的，它主要用于阶梯轴和异形截面轴类锻件的成型。

（一）自由锻造特点

（1）软件自动计算功能极大地提高了工作效率：

软件可自动给出下料重量、锻件重量及零件重量，十分迅速，省去了繁琐的计算和查询手册的工作，极大地提高了效率，60s 就可以轻松完成一张完整的工艺卡。软件还具有锻件锻前加热规范、锻后热处理工艺，给工艺人员在做热处理工艺时一个很好的参考依据。一个工艺工程师可以做几个人的工作量，可以节约很多人力资源成本。

（2）特殊图形和工艺：

任何复杂图形及特殊的工艺都可以利用软件的制图功能进行自行制作并可以储存，锻造工艺可以自动生成，也可以自行修改工艺。

（3）准确的材料利用率：

锻前就可以准确地给出热耗和工艺损耗（函数程序准确计算的），可以在锻打产品前

就给出材料的成本核算，利于准确报价。

（4）多级台阶轴的优化和法兰胎膜制作功能：

多级台阶轴可以预先模拟出几种各级锻件图形进行比较，可以很直观地观察出哪一种方案最佳，取最佳方案进行锻打。法兰胎膜制作功能，在实际使用中效果也很显著，锻件还列有锻打工步可作为技术工人的锻打依据。

（5）减少了材料的浪费：

避免新产品的反复试验工艺而造成损失；避免人为因素的失误和错误而造成损失；准确的材料重量计算可以提高材料利用率。

（6）强大的自动计算和数据功能：

软件包含的几十类数千种锻件的工艺、数万种材料牌号、各类技术要求、所有吨位的锻锤和水压机、图形的参数化极大地方便了设计工作（避免繁琐的手册查询工作）。

（7）方便管理及有利于提高企业形象：

工艺卡片可以根据客户分类而自动存贮在软件里，可以随时调用，不用另存其他地方，便于管理者和工艺人员查看。规范化的设计和管理，也利于提高企业形象。

（8）软件具有很强的升级功能：

随着工艺水平的改进，或者各个时期不同工艺都可以取精华编制在软件里，使锻造工艺具有连续性和升级性，不至于使工艺人为流失。

（9）操作简单：

使用十分方便，即使不熟悉计算机的人，也能很容易掌握；不用另制作工艺卡，可以直接用打印机打出和分类保存在电脑里。

综上所述，自由锻的优点是：所用工具简单，通用性强、灵活性大，因此适合单件和小批锻件，特别是特大型锻件的生产，这对于新产品的试制、非标准的工装夹具和模具的制造提供了经济快捷的方法。为了减轻模锻设备的负担或充分利用现有模锻设备，简化锻模结构，有些模锻件的制坯工步也在自由锻设备上完成。但自由锻的缺点是：锻件精度低，加工余量大、生产率低、劳动强度大等。

自由锻件的成型特点是：坯料在平砧上面或工具之间经逐步的局部变形而完成。由于工具与坯料部分接触，故所需设备功率比生产同尺寸锻件的模锻设备要小得多，所以自由锻适用于锻造大型锻件。如万吨模锻水压机只能模锻几百公斤重的锻件，而万吨自由锻水压机却可锻造重达百吨以上的大型锻件。

（二）自由锻所用原材料

自由锻所用原材料为初锻坯、热轧坯、冷轧坯、铸锭坯等。对于碳钢和低合金钢的中小型锻件，原材料大多采用经过锻轧的坯料，这类坯料内部质量较好，在锻造时主要解决成型问题；要求利用金属流动规律，选择合适工具，安排变形工序，以便有效而准确地获得所需形状和尺寸。而对大型锻件和高合金钢锻件，多数是利用初锻坯或铸锭坯，因其内部组织疏松，存在偏析、缩孔、气泡和夹杂等缺陷，在锻造时主要解决质量问题。

（三）自由锻工艺规程的制定

自由锻工艺过程的实质是利用简单的工具，逐步改变原坯料的形状、尺寸和组织结构，以获得所需锻件的加工过程。

自由锻工艺所研究的内容是：锻件的成型规律和提高锻件质量的方法。

自由锻工艺过程制定内容包括：

（1）依据零件图设计自由锻件图：

锻件图即是在零件图的基础上 + 锻件余量 + 锻件公差 + 余块所组成的图纸。

敷料及加工余量在机械加工时被切掉。

锻件图的画法：为了便于对零件的形状、尺寸加以了解，在图上应用点划线画出来，如图 1.3.1 所示。

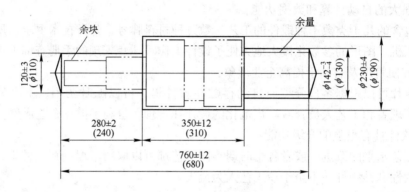

图 1.3.1　典型锻件图

（2）计算所需原坯料的规格及质量：

锻件坯料体积包括锻件的体积和锻造过程中的各种体积损失，如加热时的表面氧化、烧损等。

锻件坯料质量的计算可以按下式计算：

$$m_{坯} = m_{锻} + m_{烧损} + m_{切} + m_{芯}$$

根据已算出的锻件质量和截面积大小确定坯料体积。

$$坯料体积 = 坯料质量 \div 材料的密度$$

如，碳钢的密度为 7.8g/cm^3。

注意：1）确定坯料尺寸时，应该考虑锻造比。

　　　　2）拔长时，坯料直径尺寸按锻件的最大截面积计算。

（3）确定变形工序及锻打火次；

（4）设计工步图；

（5）选择或设计各成行工步用辅助工具；

（6）确定锻造温度范围及加热、冷却规范；

（7）确定热处理规范；

（8）选择设备，安排生产人员；

（9）提出锻件技术要求和检验要求；

（10）填写工艺卡片。

自由锻方式与各种工序的关系见图 1.3.2。

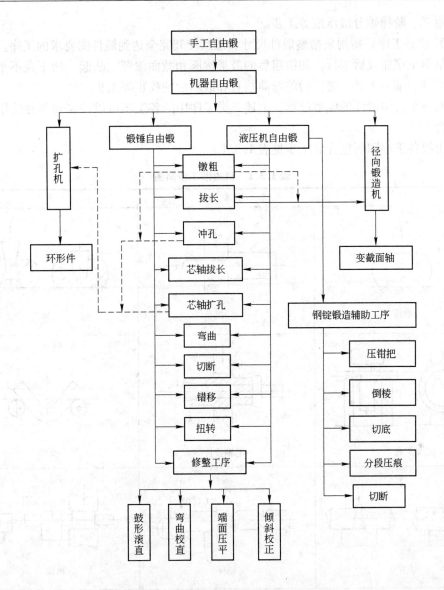

图 1.3.2　自由锻造方式及各种工序关系

二、自由锻工序特点及锻件分类

（一）自由锻工序

任何一个锻件的成型过程，都是由一系列变形工序组成的。自由锻工序一般可分为：基本工序、辅助工序和修正工序三类。

（1）基本工序，指能够较大幅度地改变坯料形状和尺寸的工序，也是自由锻造过程中主要变形工序，如镦粗、拔长、冲孔、芯轴扩孔、芯轴拔长、弯曲、剁切、错移、扭转等工步。

（2）辅助工序，指在坯料进入基本工序前预先变形的工序，如钢锭倒棱和缩颈倒棱、预压夹钳把、阶梯轴分锻压痕等工步。

（3）修整工序，指用来精整锻件尺寸和形状使其完全达到锻件图要求的工序。一般是在某一基本工序完成后进行，如镦粗后的鼓形滚圆和截面滚圆、凸起、凹下及不平和有压痕面的平整、端面平整、拔长后的弯曲校直和锻斜后的校正等工步。

任何一个自由锻件的成型过程，上述三类工序中的各工步可以按需要单独使用或进行穿插组合。

自由锻各工序和所包含的工步见表1.3.1。

表1.3.1　自由锻工步简图

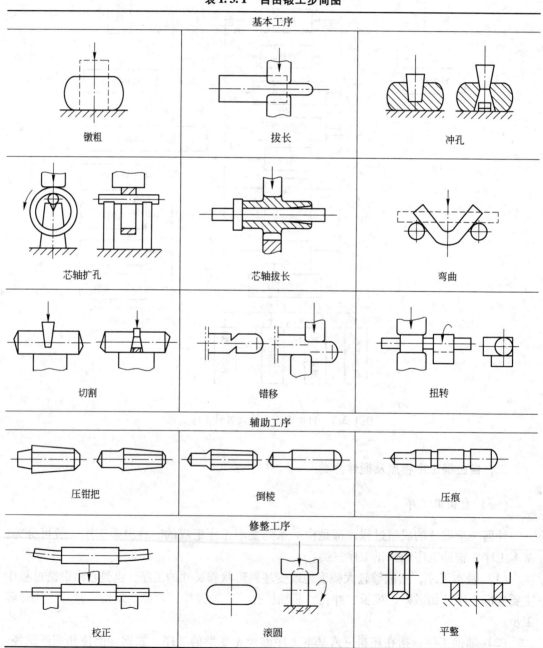

（二）自由锻件分类

按自由锻件的外形及其成型方法，可将自由锻件分为六类：饼块类、空心类、轴杆类、曲轴类、弯曲类和复杂形状类锻件。自由锻件分类见表 1.3.2。

表 1.3.2　自由锻件分类

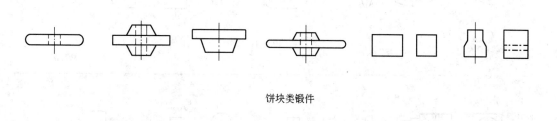

饼块类锻件

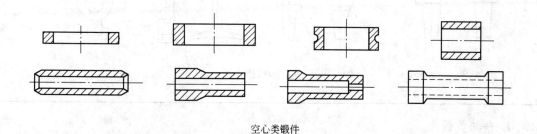

空心类锻件

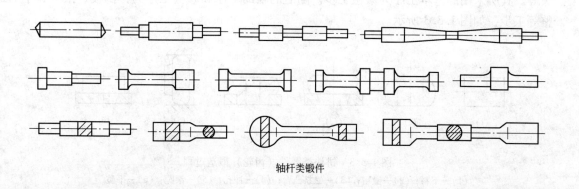

轴杆类锻件

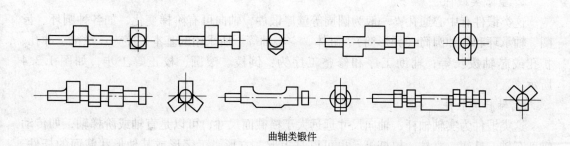

曲轴类锻件

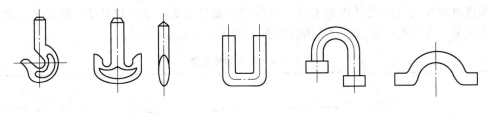

弯曲类锻件

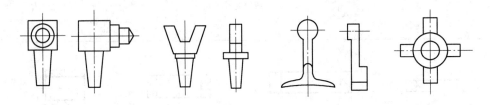

复杂形状锻件

1. 饼块类锻件

这类锻件外形横向尺寸大于高度尺寸，或两者相近，如圆盘、叶轮、齿轮、模块、锤头等。其所采用的基本工序为镦粗工步。随后的辅助工序和修整工序为：倒棱、滚圆、平整等工步，如图 1.3.3 所示。

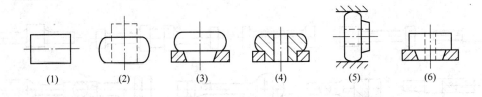

图 1.3.3　饼块类锻件（齿轮）锻造过程
(1)—下料；(2)—镦粗；(3)—镦挤凸台；(4)—冲孔；(5)—滚圆；(6)—平整

2. 空心类锻件

这类锻件有中心通孔，一般为圆周等壁厚锻件，轴向可有阶梯变化，如各种圆环、齿圈、轴承环和各种圆筒（异形筒）、缸体、空心轴等。所采用的基本工序为：镦粗、冲孔、扩孔或芯轴拔长等；辅助工序和修整工序为：倒棱、滚圆、校正等工步，如图 1.3.4 所示。

3. 轴杆类锻件

这类锻件为实轴轴杆，轴向尺寸远远大于横截面尺寸，可以是直轴或阶梯轴，如传动轴、车轴、轧辊、立柱、拉杆等，也可以是矩形、方形、工字形或其他形状截面的杆件，如连杆、摇杆、杠杆、推杆等。锻造轴杆类锻件的基本工序是拔长，或镦粗 + 拔长；辅助工序和修整工序有：倒棱和滚圆工步，如图1.3.5所示。

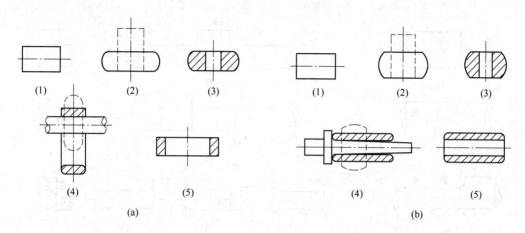

图1.3.4　空心类锻件锻造过程

(a) 圆环的锻造过程：

(1)—下料；(2)—镦粗；(3)—冲孔；(4)—芯轴扩孔；(5)—平整端面

(b) 圆筒的锻造过程：

(1)—下料；(2)—镦粗；(3)—冲孔；(4)—芯轴拔长；(5)锻件

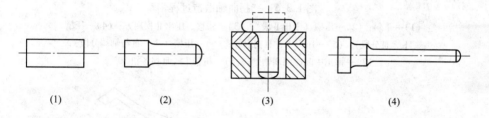

图1.3.5　轴杆类锻件（传动轴）锻造过程

(1)—下料；(2)—拔长；(3)—镦出法兰；(4)—拔出锻件

4. 曲轴类锻件

这类锻件为实心长轴，锻件不仅沿轴线有截面形状和面积变化，而且轴线有多方向弯曲，包括各种形式的曲轴，如单拐曲轴和多拐曲轴等。锻造曲轴类锻件的基本工序是拔长、错移和扭转等工步；辅助工序和修整工序为：分段压痕、局部倒棱、滚圆、校正等。曲轴类锻件锻造过程如图1.3.6所示。

5. 弯曲类锻件

这类锻件具有弯曲的轴线，一般为一处弯曲或多处弯曲，沿弯曲轴线，截面可以是等截面，也可以是变截面。弯曲可以是对称和非对称弯曲。锻造这类锻件的基本工序是拔长、弯曲工步；辅助工序和修整工序有：分段压痕和滚圆、平整工步。弯曲类锻件的锻造过程如图1.3.7所示。

6. 复杂形状类锻件

这类锻件是除了上述五类锻件以外的其他形状锻件，也可以是由上述五类锻件的特征所组成的复杂锻件，如阀体、叉杆、吊环体、十字轴等。由于这类锻件锻造难度较大，所用辅助工具较多，因此，在锻造时应合理选择锻造工序，保证锻件顺利成型。

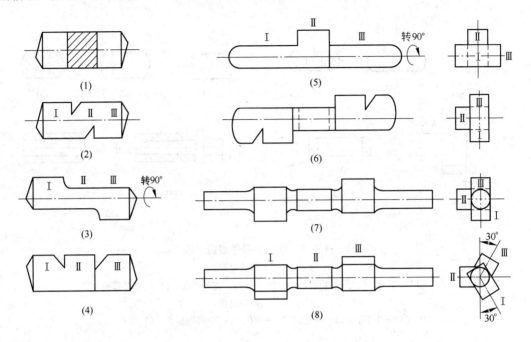

图 1.3.6　三拐曲轴锻造过程

（1）—下料；（2）—压槽（卡出Ⅱ段）；（3）—错移、压出Ⅱ拐扁方；（4）—压槽
（Ⅰ、Ⅲ分段）；（5）—压出Ⅰ、Ⅲ拐扁方；（6）—压槽（Ⅰ、Ⅲ与轴端分段）；
（7）—捧出中间、两端轴颈；（8）—扭转Ⅰ、Ⅲ拐各扭30°

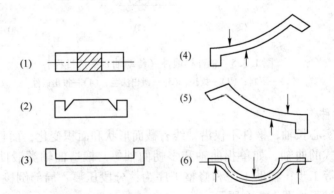

图 1.3.7　弯曲类锻件（卡瓦）锻造过程

（1）—下料（120kg）；（2）—压槽卡出两端；（3）—拔长中间部分；
（4）—弯曲左端圆弧；（5）—弯曲右端圆弧；（6）—弯曲中间圆弧

（三）自由锻基本工序

　　自由锻件在基本工序的变形中，均属于敞开式、局部变形或局部连续变形。了解和掌握自由锻各类基本工序的金属流动规律和变形分布，对合理制订锻件自由锻工艺规程，准确分析质量是非常重要的。

1. 镦粗

使坯料高度减小而横截面增大的成型工序称为镦粗。镦粗工序是自由锻中最常见的工步之一。

镦粗的目的在于：

（1）由横截面积较小的坯料得到横截面积较大而高度较小的锻件；

（2）冲孔前增大坯料的横截面积以便于冲孔和冲孔后端面平整；

（3）反复镦粗、拔长，可提高坯料的锻造比，同时使合金钢中碳化物破碎，达到均匀分布；

（4）提高锻件的横向力学性能以减小力学性能的异向性。

（1）平砧镦粗。

1）平砧镦粗与镦粗比。坯料完全在上下平砧间或镦粗平板间进行的压制称为平砧镦粗，如图 1.3.8 所示。

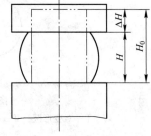

图 1.3.8　平砧镦粗

平砧镦粗的变形程度除用压下量 ΔH、相对变形 ε_H、对数变形 E_H 表示外，常以坯料镦粗前后的高度比——镦粗比 K_H 来表示，即

$$K_H = \frac{H_0}{H} \quad \text{或} \quad K_H = \mathrm{e}^{\varepsilon_H} = \frac{1}{1 - \varepsilon_H}$$

式中　H_0，H——镦粗前、后坯料的高度，mm；

$\quad\quad K_H$——坯料高度方向的对数变形：$K_H = \ln\dfrac{H_0}{H}$；

$\quad\quad \varepsilon_H$——坯料高度方向的相对变形：$\varepsilon_H = \dfrac{H_0 - H}{H_0} = \dfrac{\Delta H}{H_0}$。

2）平砧间镦粗的变形分析。圆柱坯料在平砧间镦粗，随着高度（轴向）的减小，径向尺寸不断增大。由于坯料与工具之间的接触面存在着摩擦，镦粗后坯料的侧表面变成鼓形，同时造成坯料变形分布不均匀。通过采用对称面网格法的镦粗实验，可以看到刻在坯料上的网格镦粗后的变化情况，如图 1.3.9 所示。经分析，沿坯料对称面可分为三个变形区：

区域Ⅰ——难变形区，该变形区受端面摩擦影响，变形十分困难。

区域Ⅱ——大变形区，该变形区处于坯料中段，受摩擦影响小，应力状态有利于变形，因此变形程度最大。

区域Ⅲ——小变形区，该区变形程度介于区域Ⅰ和区域Ⅱ之间。

3）不用高径比坯料的镦粗。对不同高径比尺寸的坯料进行镦粗时，产生鼓形特征和内部变形分布均不相同，如图 1.3.10 所示。

①镦粗高径比 $\dfrac{H_0}{D_0} = 2.5 \sim 1.5$ 的坯料，开始在坯料的两端先产生鼓形，形成Ⅰ、Ⅱ、Ⅲ、Ⅳ四个变形区。其中Ⅰ、Ⅱ、Ⅲ区与前述相同，而坯料中部的Ⅳ区为均匀变形区，该区不受摩擦影响，内部变形均匀，侧面保持圆柱形，如图 1.3.10（a）变化到图 1.3.10（b）所示。

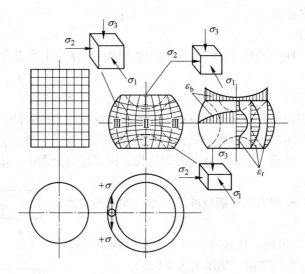

图 1.3.9　平砧镦粗时变形分布与应力状态

Ⅰ—难变形区；Ⅱ—大变形区；Ⅲ—小变形区；ε_b—高度变形程度；ε_r—径向变形程度

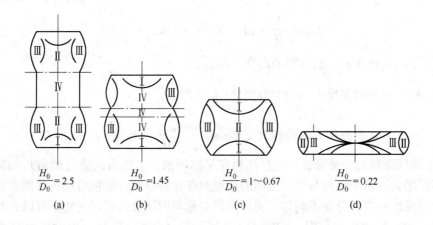

图 1.3.10　不同高径比坯料镦粗时鼓形情况与变形分布

Ⅰ—难变形区；Ⅱ—大变形区；Ⅲ—小变形区；Ⅳ—均匀变形区

②镦粗高径比 $\dfrac{H_0}{D_0} = 1.5 \sim 1.0$ 的坯料，由开始的双鼓形逐渐向单鼓形过渡，如图 1.3.10（b）变化到图 1.3.10（c）所示。

③镦粗高径比 $\dfrac{H_0}{D_0} \leqslant 1.0$ 的坯料，只产生单鼓形，形成三个变形区。

④镦粗高径比 $\dfrac{H_0}{D_0} \leqslant 0.5$ 的坯料，由于坯料上下的变形区 Ⅰ 相接触，当继续变形时，该区也产生一定的变形，这时的鼓形也逐渐减小，如图 1.3.10（d）所示。

坯料在镦粗过程中，鼓形是不断变化的，其变化规律如图 1.3.11 所示。镦粗开始阶段鼓形逐渐增大，当达到最大值后又逐渐减小。如果坯料体积相等，高坯料（H_0/D_0 大）

产生的鼓形比矮坯料（H_0/D_0 小）产生的鼓形要大。

4）减小镦粗鼓形的措施

由于坯料镦粗时产生鼓形，使得坯料内部的三个变形区中的金属变形不均匀。这必然引起锻件晶粒大小不均匀，从而导致锻件性能不均匀。一般中心大变形区（Ⅱ区）容易得到结晶组织，而难变形区（Ⅰ区）易产生粗晶组织。在大变形区，由于金属受三向压应力的作用，金属内部的某些缺陷易于锻焊消除。但在小变形区（Ⅲ区）的侧表面，由于受到切向应力的作用易产生纵向开裂，随着鼓形的增大，这种倾向就越可能发生，

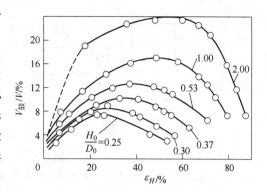

图 1.3.11　不同高径比坯料镦粗
过程鼓形体积变化

V—坯料体积；$V_{鼓}$—鼓形体积

尤其对低塑性材料更为敏感。因此，为了减小镦粗时的鼓形，提高变形均匀性，在锻造生产中可以采取以下工艺措施。

①侧凹坯料镦粗。采用侧面压凹的坯料镦粗，可以明显提高镦粗时的允许变形程度，这是因为侧凹坯料在镦粗时，在侧凹面上产生径向压应力分量，如图 1.3.12 所示。其结果可以避免侧表面纵向开裂，并减小鼓形，使坯料变形均匀。获得侧凹坯料的方法有铆镦、端面碾压。

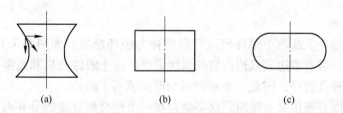

(a)　　　　　　　(b)　　　　　　　(c)

图 1.3.12　侧面内凹

②软金属垫镦粗。坯料被置于两软金属垫之间进行镦粗。软金属垫的作用在于减小端面摩擦的影响，使端头金属在变形过程中不易形成难变形区，从而使坯料变形均匀。对于高径比大的坯料，可在变形前期形成侧凹，继续镦粗可减小鼓形，获得较大的变形量。

③降低设备工作速度。当设备的工作速度降至 0.01mm/s 以下时，适当润滑，鼓肚现象几乎不发生。因为这时晶界迁移，晶粒转动，有足够的时间进行位错运动，大大改善变形不均匀性。

④叠料镦粗。叠料镦粗主要用于扁平的圆盘类锻件。可将两坯料叠起来镦粗，直到出现鼓形后，把坯料翻转 180°对叠，再继续镦粗，如图 1.3.13 所示。

⑤套环内镦粗。这种镦粗方法是在坯料外圈加一个碳钢外套，如图 1.3.14 所示。靠套环的径向压应力来减小坯料由于变形不均匀而引起的表面附加拉应力，镦粗后将外套去掉。这种方法主要用于镦粗低塑性的高合金钢等，可防止表面开裂而造成镦粗件报废。

⑥反复镦粗与侧面修直。在镦粗坯料产生鼓形后，可以通过圆周侧压将鼓形修直，再

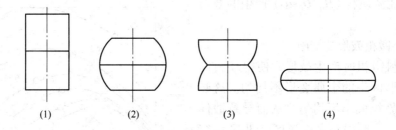

图 1.3.13　叠料镦粗过程

(1)—叠料；(2)—第一次镦粗；(3)—翻转叠料；(4)—第二次镦粗

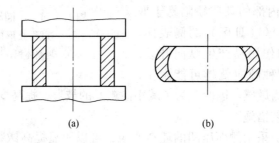

图 1.3.14　套环内镦粗

继续镦粗，这样可以消除鼓形表面上的附加拉应力，同时可以获得侧面平直没有鼓形的镦粗锻件。

（2）垫环镦粗。

坯料在单个垫环上或两个垫环间进行镦粗称为垫环镦粗，如图 1.3.15 所示。这种镦粗方法可用于锻造带有单边或双边凸肩的饼块锻件，由于锻件凸肩和高度比较小，采用的坯料直径要大于环孔直径，因此，垫环镦粗变形实质属于镦挤。

垫环镦粗，既有挤压又有镦粗，这必然存在一个使金属分流的分界面，这个面被称为分流面，在镦挤过程中分流面的位置是变化的，如图 1.3.15（c）所示。分流面的位置与下列因素有关：坯料高径比（H_0/D_0）、环孔与坯料直径之比（d/D_0）、变形程度（ε_H）、环孔侧斜度（α）及摩擦条件。

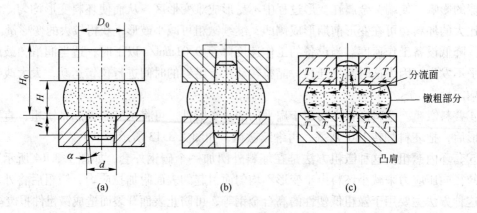

图 1.3.15　垫环镦粗

（3）局部镦粗。

坯料只是在局部长度（端部或中间）进行镦粗，称为局部镦粗，如图 1.3.16 所示。

这种镦粗方法可以锻造凸肩直径和高度较大的饼块类锻件，如图 1.3.16(a) 所示，也可以锻造端部带有较大法兰的轴杆类锻件，如图 1.3.16(b) 所示。

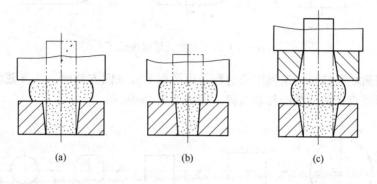

图 1.3.16 局部镦粗

局部镦粗时的金属流动特征与平砧镦粗相似，但受不变形部分的影响，即"刚端"影响。

局部镦粗成形时的坯料尺寸，应按杆部直径选取。为了避免镦粗时产生纵向弯曲，坯料变形部分高径比 $H_头 / D_0$ 应小于 $2.5 \sim 3$，而且要求端面平整。对于头部较大而杆部较细的锻件，只能采用大于杆部直径的坯料。锻造时先拔杆部，然后再镦粗头部；或者先局部镦粗头部，然后再拔长杆部。

2. 拔长

使坯料横截面减小而长度增加的成型工序称为拔长。

拔长的目的在于：

（1）由横截面积较大的坯料得到横截面积较小而轴向较长的轴类锻件；

（2）可以辅助其他工序进行局部变形；

（3）反复拔长与镦粗可以提高锻造比，使合金钢中碳化物破碎，达到均匀分布，提高力学性能的目的。

由于拔长是通过逐次送进和反复转动坯料进行压缩变形，所以它是锻造生产中耗费工时最多的一种锻造工序。因此，在保证锻件质量的前提下，应尽可能提高拔长效率。

（1）拔长类型。

根据坯料拔长方式不同，可以分为三类。

1）平砧间拔长。平砧拔长是生产中用最多的一种拔长方法。在平砧拔长中有以下几种坯料界面变化过程。

①方截面→方截面拔长。由较大的方形截面尺寸坯料，经拔长得到尺寸较小的方形截面锻件的过程，称为方截面坯料拔长，如图 1.3.17 所示。矩形截面拔长也属于这一类。

②圆截面→方截面拔长。圆截面坯料经拔长得到方截面锻件的拔长，除最初变形外，以后的拔长过程的变性特点与方截面坯料拔长相同。

③圆截面→圆截面拔长。较大尺寸的圆截面坯料，经拔长得到较小尺寸的圆截面锻

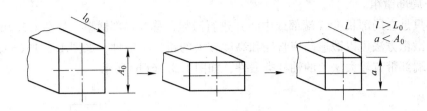

图 1.3.17　方截面坯料拔长

件，称为圆截面坯料拔长。这种拔长过程是由圆截面锻成四方截面、八方截面，最后倒角滚圆，获得所需直径的圆截面长轴锻件，如图 1.3.18 所示。

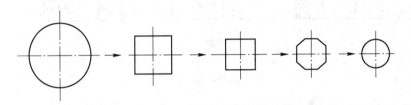

图 1.3.18　平砧拔长圆形截面坯料时的截面变化过程

2）型砧拔长。型砧拔长是指坯料在 V 形砧或圆弧形砧中的拔长。而 V 形砧拔长一般有两种情况：一是在上平下 V 形砧上拔长；二是在上、下 V 形砧中拔长，如图 1.3.19 所示。

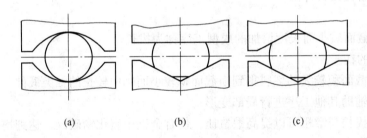

　　　　　(a)　　　　　　　　　(b)　　　　　　　　　(c)

图 1.3.19　在型砧中拔长

型砧主要用于拔长塑性低的材料，它是利用型砧的侧面压力限制金属的横向流动，迫使金属沿轴向伸长。

3）空心件拔长。空心件亦称管件，这类坯料拔长时，在孔中穿一根芯轴，所以叫芯轴拔长。芯轴拔长是一种减小空心坯料外径（壁厚）而增加其长度的成型工序，用于锻制长筒类锻件。

（2）拔长变形过程分析。

1）拔长时的锻造比。拔长是在坯料上局部进行压缩，局部受力、局部变形。如果拔长前变形区的长为 l_0、宽为 b_0、高为 h_0。l_0 称为送进量，l_0/h_0 称为相对送进量。拔长后变形区的长为 l、宽为 b、高为 h（见图 1.3.20），则 $\Delta h = h_0 - h$ 称为压下量，$\Delta b = b - b_0$ 称为宽展量，$\Delta l = l - l_0$ 称为拔长量。拔长时的变形程度是以坯料拔长前后的截面积之比——

锻造比（简称锻比）K_L 来表示的，即

$$K_L = \frac{F_0}{F} = \frac{h_0 b_0}{hb}$$

式中　F_0——拔长前坯料截面积，mm^2；

　　　F——拔长后坯料截面积，mm^2。

2）拔长时的变形特点。下面分别对不同形状的坯料在平砧间拔长、型砧内拔长和芯轴上拔长进行分析。

①平砧间拔长的变形特点。

拔长效率。在变形过程中，金属流动始终受最小阻力定律支配，因此，平砧间拔长矩形截面毛坯时，由于拔长部分受到两端不变形金属的约束，其轴向变形与横向变形就与送进量 l_0 有关，如图 1.3.20 所示。当 $l_0 = b_0$ 时，$\Delta l \approx \Delta b$；当 $l_0 > b_0$ 时，$\Delta l < \Delta b$；当 $l_0 < b_0$ 时，则 $\Delta l > \Delta b$。由此可见，采用小送进量拔长可使轴向变形量增大而横向变形量减小，即 $\varepsilon_l > \varepsilon_b$，有利于提高拔长效率。但送进量不能太小，否则会增加压下次数，反而降低拔长效率，另外还会造成表面缺陷。

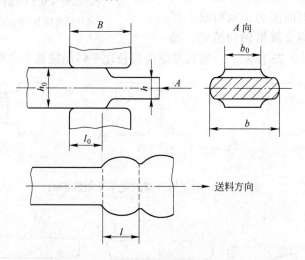

图 1.3.20　拔长变形前后尺寸关系

由上可知，拔长效率与相对压缩程度 ε_h 和相对送进量 l_i / h_i 有关。

相对压缩程度 ε_h 大时，压缩所需的次数可以减小，故可以提高生产率，但在生产实际中，对于塑性较差的金属，应适当控制变形程度；对于塑性较好的金属，变形程度也应选择适当，应控制在每次压缩后的宽度 b_i 与高度 h_i 之比 $b_i / h_i < 2.5$，否则翻转 $90°$ 再压缩时坯料有可能因弯曲而折叠。

相对送进量的确定主要考虑避免拔长缺陷的形成，一般认为相对送进量 $l_i / h_i = 0.5 \sim 0.8$ 较为合适，绝对送进量常取 $l_i = (0.4 \sim 0.8)B$，B 为砧宽。

拔长时的变形与应力分布。矩形截面坯料在平砧间拔长时的每一次压缩，其内部的变形情况与镦粗很相似，通过网格法的拔长实验可以证明这一点。所不同的是拔长有"刚端"影响，表面应力分布和中心应力分布与拔长时的各变形参数有关。如当送进量小时

$(l_i/h_i < 0.5)$ 拔长变形区出现双鼓形，这时变形集中在上下表面层，中心不但锻不透，而且出现轴向拉压力，如图 1.3.21 (a) 所示。当送进量大时 ($l_i/h_i > 1$)，拔长变形区出现单鼓形。这时心部变形很大，能锻透，但在鼓形的侧表面和棱角处受拉应力，如图 1.3.21(b) 所示。

从图 1.3.22 可以看出，ε_H 为相对压下量，增大压下量，不但可以提高拔长效率，还可强化心部变形，有利锻合内部缺陷。但变形量的大小应根据材料的塑性好坏而定，以避免产生缺陷。

②型砧内拔长。型砧拔长是为了解决圆形截面坯料在平砧间拔长轴向伸长小、横向展宽大而采用的一种拔长方法。坯料在型砧内受砧面的侧向压力，从而减小坯料的横向流动，迫使金属沿轴向流动，提高拔长效率，如图 1.3.23 所示。一般在型砧内拔长比平砧间拔长生产率提高 20% ~ 40%。

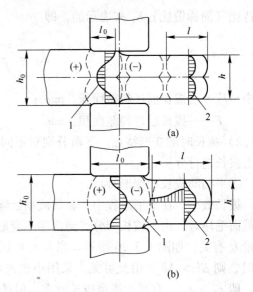

图 1.3.21　拔长送进量对变形和应力分布的影响
(a) $l_i/h_i < 0.5$；(b) $l_i/h_i > 1$
1—轴向应力；2—轴向变形

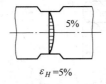 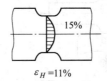 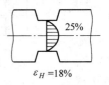

ε_H=5%　　　　　　ε_H=11%　　　　　　ε_H=18%

图 1.3.22　拔长压下量对变形分布的影响

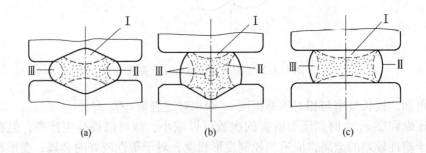

图 1.3.23　拔长砧子形状及其对变形区分布的影响
(a) 上下 V 形砧；(b) 上平下 V 形砧；(c) 上下平砧
Ⅰ—难变形区；Ⅱ—大变形区；Ⅲ—小变形区

采用圆弧形型砧和 V 形型砧（图 1.3.23）时，型砧弧段包角 α 不同，对拔长效率、锻透深度、金属塑性和表面质量有很大影响，常用的型砧形状及使用情况见表 1.3.3。

表1.3.3 型砧形状对拔长效率、锻透深度和金属塑性等的影响

序 号	型砧形状及受力点	展宽	应用情况	变形特征	相同压缩次数的表面质量	相同压下量和送进量的拔长效率	能锻造的直径范围
1	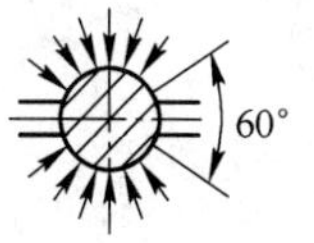 60°	实际上没有	用于塑性很低的金属	变形深透（中心部分有较大变形）	很高	很高	很小
2	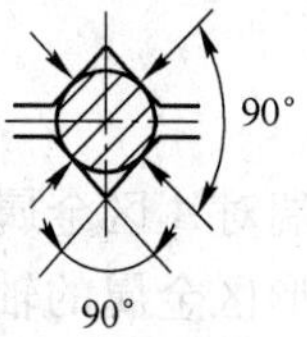 90° 90°	不大	用于塑性低的金属	变形深透	较低	高	很小
3	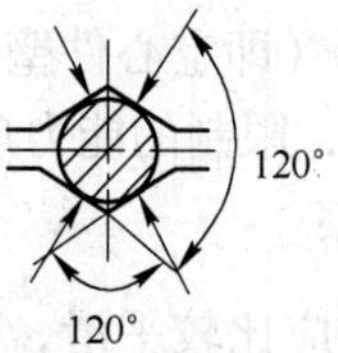 120° 120°	中等	用于塑性低的金属	沿断面变形较均匀	较低	高	小
4	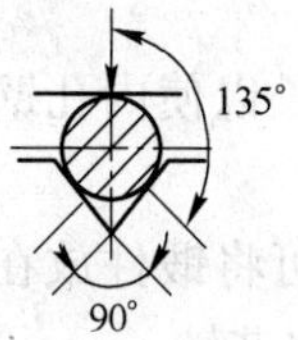 135° 90°	中等	用于塑性中等的金属	外层变形大中心部分变形较小	低	中等	较小
5	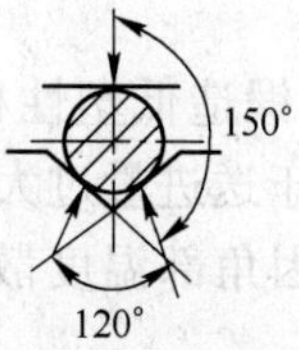 150° 120°	较大	用于塑性中等的金属	外层变形大中心变形小	低	中等	较大
6	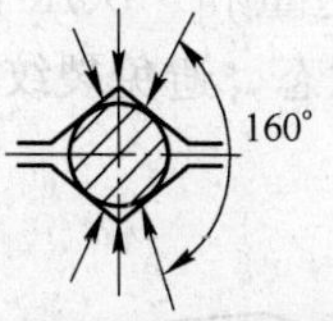 160°	大	用于塑性较好的金属	外层变形大中心变形小	高	较低	大

③空心件拔长时坯料的变性特点。

芯轴上拔长与矩形截面坯料拔长一样，被上下砧压缩的那一部分金属是变形区，其左右两侧金属为外端，如图1.3.24所示。在平砧上拔长时，变形区分为 A 区和 B 区。A 区是直接受力区，B 区是间接受力区。B 区的受力和变形主要是由 A 区的变形引起的。当 A 区金属沿轴向流动借助外端的作用拉着 B 区金属一起伸长，而 A 区金属沿切向流动时，则

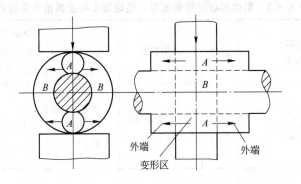

图 1.3.24　芯轴拔长时受力和变形流动情况

受到外端的限制。因此，芯轴拔长时，外端起着重要的作用。外端对 A 区金属切向流动的限制愈强烈，愈有利于变形金属的轴向伸长；反之，则不利于变形区金属的轴向流动。如果没有外端的存在，则在平砧上拔长的环形件将被压成椭圆形，并变成扩孔变形。

外端对变形区金属切向流动限制的能力与空心件的相对壁厚（即空心件壁厚与芯轴直径的比值 t/d）有关。t/d 愈大时，限制的能力愈强；t/d 愈小时，限制的能力愈弱。

芯轴拔长后取出芯轴是一个重要问题，应采取以下两点措施：

（ⅰ）芯轴上做出 $\dfrac{1}{100} \sim \dfrac{1}{150}$ 的锥度，一头有凸缘，表面加工应比较平滑，使用时应涂石墨做润滑剂。

（ⅱ）按照一定顺序拔长，先压一端，然后从另一端逐步拔长以使内孔壁与芯轴形成间隙，尤其是最后一遍拔长时应特别注意。

在锻造时如果芯轴被锻件"咬住"（芯轴与锻件分不开），可将锻件放在平砧上，沿轴线轻压一遍，然后翻 90° 再轻压使锻件内孔扩大一些，即可取出芯轴。

（3）坯料拔长时易产生的缺陷与防治措施。

1）表面横向裂纹与角裂。如图 1.3.25 所示。这类缺陷常在锻造低塑性材料时出现，其开裂部位主要是受拉应力作用，而造成这种拉应力的原因是由于送进量过大（出现单鼓形），同时压缩量过大所引起的。而角部裂纹除了变形原因外，因角部温度散失快，产生温度应力，增加了拉应力的附加值。

根据表面裂纹和角部裂纹产生的原因，操作时主要控制送进量和一次压下的变形量；对于角部，还应及时进行倒角，以减小温降，改变角部的应力状态，避免裂纹产生。

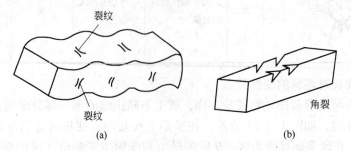

(a)　　　　　　　　　　　　　　　　(b)

图 1.3.25　表面裂纹与角裂

2）表面折叠。表面折叠分为横向折叠与纵向折叠。折叠属于表面缺陷，一般经打磨后可去除，但较深的折叠会使锻件报废。

表面横向折叠的产生，主要是送进量与压下量不合适引起的，如图 1.3.26 所示。当送进量 $l_0 < \dfrac{\Delta h}{2}$ 时易产生这种折叠。因此，避免这种折叠的措施是增大送进量 l_0，使每次送进量与单边压缩量之比大于 $1 \sim 1.5 \left(\text{即 } l_0 \big/ \dfrac{\Delta h}{2} > 1 \sim 1.5\right)$。

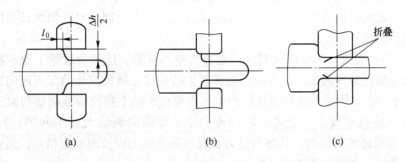

图 1.3.26　拔长横向折叠形成过程示意图 $\left(l_0 < \dfrac{\Delta h}{2} \text{ 时} \right)$

表面纵向单面折叠是在采用单面压缩拔长过程中，毛坯压缩得太扁，即 $b/h > 2.5$，翻转 90°再压，坯料发生弯曲，继续压缩时形成的，如图 1.3.27 所示。避免产生这种折叠的措施是减小压缩量，使每次压缩后的坯料宽度与高度之比小于 $2 \sim 2.5$（即 $b/h < 2 \sim 2.5$）或改变操作方法。

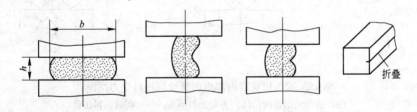

图 1.3.27　纵向折叠形成过程示意图

另外还有一种纵向折叠，是在纠正坯料菱形截面时产生的，这种折叠比较浅，一般为双面同时形成，如图 1.3.28 所示，这类折叠多数发生在有色金属拔长时。避免这种折叠的措施是，在坯料拔长过程中，控制好翻转角度为 90°，同时还应注意选择合适的操作

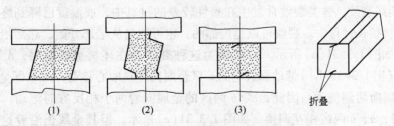

图 1.3.28　截面校正时折叠形成过程示意图
(1)—截面锻料；(2)—校正截面；(3)—折叠形成

方式。

3）内部横向裂纹。拔长时锻件内部横向裂纹（图1.3.29）的产生，主要是由于相对送进量太小（$l_0/h_0 < 0.5$），拔长变形区出现双鼓形，而轴心部位受到轴向拉应力的作用，如图1.3.30(a)所示，从而引起中心裂纹。为了避免这种裂纹的产生，可适当增大相对送进量，控制一次压下量，改变变形区

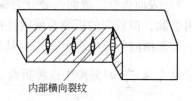

图1.3.29 拔长时锻件的内部横向裂纹

的变形特征，避免出现双鼓形，使坯料变形区内应力分布合理。对于塑性较差的合金钢等材料，更应注意这一点。

4）内部纵向裂纹。内部纵向裂纹，也称为中心开裂。这种裂纹除了隐藏在锻件内部外，有可能发展到锻件的端部。有时，端部产生的裂纹会随着拔长的深入而向锻件内部发展，如图1.3.30(a)所示。这种裂纹的产生，主要在平砧上拔长圆截面坯料时，拔长进给量很大，压下量相对较小，金属沿轴向流动小，而横向流动大而引起的，如图1.3.30(c)所示。方截面坯料倒角，其坯料受力状况与在平砧上拔长圆截面相似，但变形量过大会引起中心开裂，如图1.3.30(b)所示。

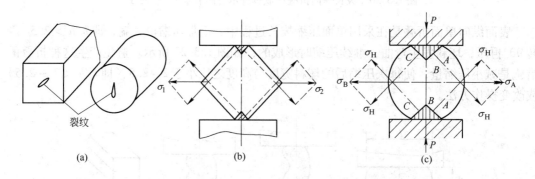

图1.3.30 拔长时内部纵向裂纹与坯料受力情况
（a）锻件内部裂纹；（b）方截面料倒角；（c）圆截面料压扁

避免拔长圆截面坯料形成内部纵向裂纹的措施是，选择合理的进给量，使金属沿轴向流动大于横向流动。另外，还可以采用 V 形型砧拔长，以减小横向流动的金属在锻件中心造成大的拉应力。对于方截面坯料，在倒角时应采用轻击，减小一次变形量，尤其对塑性较差的材料，可采用圆砧内倒角。

5）对角线裂纹。这类裂纹常发生在塑性较差的材料中，或温度已降到终锻温度以下的方截面坯料拔长过程中。裂纹可以是内部的，也可能是从端部开始，然后沿轴向向坯料内部发展，如图1.3.31(a)所示。一般认为这种裂纹是在坯料被压缩时，A区（难变形区）的金属（图1.3.31(b)）带动靠近它的 a 区金属向坯料中心移动，而 B 区金属带着靠近它的 b 区金属向两侧流动。因此，a、b 两区的金属向着两个相反方向流动，当坯料翻转90°再锻打时，a、b 两区相互调换，如图1.3.31(c)所示。但其金属仍沿着这两个相反方向流动，因而 $\overline{DD_1}$ 和 $\overline{EE_1}$ 便成 a、b 两部分金属相对移动的分界线，在此线附近产生的剪切应力也最大，所以，在锻造时可以明显地看到对角线有温升现象（热效应引起），当坯

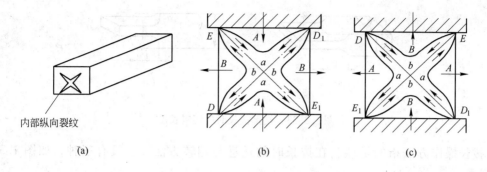

图 1.3.31 对角线裂纹与坯料变形情况

料处在始锻温度时，对角线的温升会使金属局部过热，甚至过烧，引起对角线金属强度降低而开裂。如果坯料温度较低，强迫坯料继续变形，对角线附近金属相对流动过于剧烈，产生严重的加工硬化现象，这也促使金属很快地沿对角线开裂。

为了避免拔长坯料沿对角线开裂，必须控制锻造温度、进给量的大小，避免金属部分径向流动大于轴向流动；还应注意一次变形量不能过大和反复在一个部位上连续翻转锻打。在锻造低塑性的合金工具钢时，尤其应该注意。

6）端面缩口。端面缩口也叫端面窝心，它属于表面缺陷。因它常出现在坯料的端面心部，拔长后可以通过切去料头将这一缺陷排除；但有时拔长后坯料还需镦粗，这时缩口就会形成折叠而保留在锻件上，如图 1.3.32 所示。

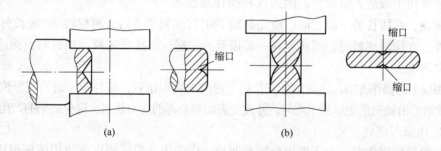

图 1.3.32 拔长和侧面修直时坯料端面缩口
（a）拔长；（b）侧面修直

这种缺陷的产生，主要是拔长的首次送进量太小，表面金属变形，中心部位金属未变形或变形较小而引起的。因此，防止的措施是：坯料端部变形时，应保证有足够的被压缩长度和较大的压缩量，端部拔长的长度应满足下列规定：

对矩形截面坯料（图 1.3.33（a））：

当 $\frac{B}{H} > 1.5$ 时，$A > 0.4B$

当 $\frac{B}{H} < 1.5$ 时，$A > 0.5B$

对圆形截面坯料（图 3.33（b））：$A > 0.3D$

（4）拔长操作方法。

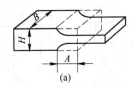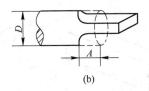

图 1.3.33　端部拔长时的坯料长度

拔长操作方法指的是坯料在拔长时的送进与翻转方法，一般有三种，如图 1.3.34 所示：

第一种是螺旋式翻转送进法，每压下一次，坯料翻转 90°，每次翻转为同一个方向，见图 1.3.34（a）。这种方法，坯料各面的温度均匀，因此变形也较均匀。用于锻造阶梯轴时，可以减小各段轴的偏心。

第二种是往复翻转送进法，每次翻转 90°，见图 1.3.34（b）。这种方法坯料只有两个面与下砧接触，而这两个面的温度较低，一般这种方法常用于中小型锻件的手工操作中。

第三种是单面压缩法，即沿整个坯料长度方向压缩一遍后，再翻转 90°压缩另一面，见图 1.3.34（c）。这种方法常用于锻造大型锻件。因为这种操作易使坯料发生弯曲，在拔长另一面之前，应先翻转 180°将坯料平直后，再翻转 90°拔长另一面。

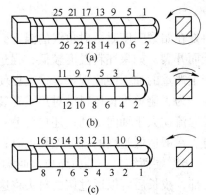

图 1.3.34　拔长操作方法

另外，在拔短坯料时，可从坯料一端拔至另一端；而拔长坯料或钢锭时，则应从坯料的中间向两端拔。

采用以上的操作方法，还应注意拔长第二遍时的变形位置，应与前一遍的变形位置错开，这样可使锻件沿轴向的变形趋于均匀，并改变表面和心部的应力状态，避免缺陷的产生。

（5）压痕与压肩。

拔长阶梯轴锻件时，为了锻出台阶和凹挡，应先用三角压辊压肩或用圆压辊压痕，切出所需坯料长度，这样可使过渡面平齐，减小相邻区的拉缩变形。

通常，当 $H < 20mm$ 时，采用压痕便可；当 $H > 20mm$ 时，先压痕再压肩，压肩深度 $h = \left(\dfrac{1}{2} \sim \dfrac{2}{3} \right) H$。

压痕、压肩时，也有拉缩现象。因此，锻件凸肩（法兰）部分的直径要留有适当的修整量 Δ，以便最后进行精整。

3. 冲孔

采用冲子将坯料冲出透孔或不透孔的锻造工序称为冲孔。

冲孔工序常用于：

（1）锻件带有大于 $\phi30mm$ 以上的盲孔或通孔；

（2）需要扩孔的锻件应预先冲出通孔；

（3）需要拔长的空心件应预先冲出通孔。

一般冲孔分为开式冲孔和闭式冲孔两大类。但在生产实际中，使用最多的是开式冲孔，开式冲孔常用的方法有实心冲子冲孔、空心冲子冲孔和垫环上冲孔三种。

（1）实心冲子冲孔。

将实心冲子从坯料的一端面冲入，当孔深达到坯料高度 70% ~ 80% 时，取出冲头，将坯料翻转 180°，再用冲子从坯料的另一面把孔冲穿。冲孔过程如图 1.3.35 所示。这种方法称为双面冲孔。

（2）空心冲子冲孔。

空心冲子的冲孔过程，如图 1.3.36 所示，冲孔时坯料形状变化较小，但芯料损失较大。当锻造大锻件时，能将钢锭中心质量差的部分冲掉，为此，钢锭冲孔时，应将钢锭冒口端朝下。这种方法主要用于孔径大于 400mm 以上的大锻件。

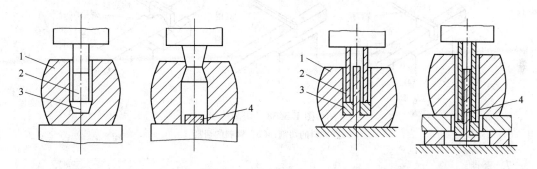

图 1.3.35　实心冲子冲孔　　　　　　　图 1.3.36　空心冲子冲孔

1—坯料；2—冲垫；3—冲子；4—芯料　　　1—坯料；2—冲垫；3—冲子；4—芯料

（3）垫环上冲孔。

垫环上冲孔时坯料形状变化很小，但芯料损失较大，芯料高度为 $h = 0.78H$。这种冲孔方法只适用于高径比 $H/D < 0.125$ 的薄饼类锻件。

4. 扩孔

扩孔是空心坯料壁厚减薄而内径和外径增加的锻造工序，其实质是沿圆周方向的变相拔长。扩孔的方法有冲头扩孔、马杠扩孔和劈缝扩孔等三种。扩孔适用于锻造空心圈和空心环锻件。

5. 错移

将毛坯的一部分相对另一部分上、下错开，但仍保持这两部分轴心线平行的锻造工序，错移常用来锻造曲轴。错移前，毛坯须先进行压肩等辅助工序，如图 1.3.37 所示。

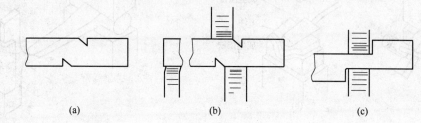

图 1.3.37　错移

（a）压肩；（b）锻打；（c）修整

6. 切割

切割是使坯料分开的工序，如切去料头、下料和切割成一定形状等。用手工切割小毛坯时，把工件放在砧面上，錾子垂直于工件轴线，边錾边旋转工件。当快切断时，应将切口稍移至砧边处，轻轻将工件切断。大截面毛坯是在锻锤或压力机上切断的，方形截面的切割是先将剁刀垂直切入锻件，至快断开时，将工件翻转180°，再用剁刀或克棍把工件截断，如图1.3.38(a)所示。切割圆形截面锻件时，要将锻件放在带有圆凹槽的剁垫上，边切边旋转锻件，如图1.3.38(b)所示。

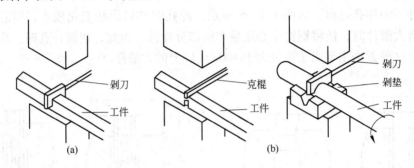

图1.3.38　切割
(a) 方料的切割；(b) 圆料的切割

7. 弯曲

使坯料弯成一定角度或形状的锻造工序称为弯曲。弯曲用于锻造吊钩、链环、弯板等锻件。弯曲时锻件的加热部分最好只限于被弯曲的一段，加热必须均匀。在空气锤上进行弯曲时，将坯料夹在上下砧铁间，使欲弯曲的部分露出，用手锤或大锤将坯料打弯，如图1.3.39(a)所示。或借助于成型垫铁、成型压铁等辅助工具使其产生成型弯曲，如图1.3.39(b)所示。

8. 扭转

扭转是将毛坯的一部分相对于另一部分绕其轴心线旋转一定角度的锻造工序，称为扭转，如图1.3.40所示。锻造多拐曲轴、连杆、麻花钻等锻件和校直锻件时常用这种工序。

扭转前，应将整个坯料先在一个平面内锻造成型，并使受扭曲部分表面光滑，然后进

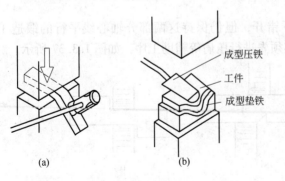

图1.3.39　弯曲
(a) 角度弯曲；(b) 成型弯曲

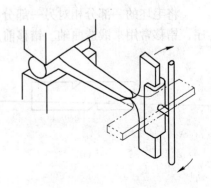

图1.3.40　扭转

行扭转。扭转时，由于金属变形剧烈，要求受扭部分加热到始锻温度，且均匀热透。扭转后，要注意缓慢冷却，以防出现扭裂。

9. 锻接

锻接是将两段或几段坯料加热后，用锻造的方法连接成牢固整体的一种锻造工序，又称锻焊。锻接主要用于小锻件生产或修理工作，如锚链的锻焊，刃具的夹钢和贴钢。它是

将两种成分不同的钢料锻焊在一起。典型的锻接方法有搭接法、咬接法和对接法。搭接法是最常用的，也易于保证锻件质量，而交错搭接法操作较困难，用于扁坯料。咬接法的缺点是锻接时接头中氧化溶渣不易挤出，如图1.3.41所示。对接法的锻接质量最差，只在被锻接的坯料很短时采用。锻接的质量不仅和锻接方法有关，还与钢料的化学成分和加热温度有关，低碳钢易于锻接，而中、高碳钢则较困难，合金钢更难以保证锻接质量。

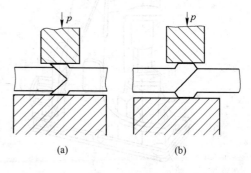

图1.3.41　锻接
(a) 咬接；(b) 搭接

（四）自由锻造及其设备

1. 机器自由锻

使用机器设备，使坯料在设备上、下两砧之间受力变形，从而获得锻件的方法称为机器自由锻。常用的机器自由锻设备有空气锤、蒸气-空气锤和水压机。空气锤使用灵活，操作方便，是生产小型锻件最常用的自由锻设备。

（1）空气锤的型号及结构原理。

1）空气锤的型号（用汉语拼音字母和数字表示）：

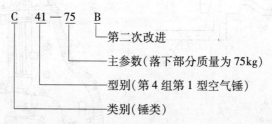

2）结构原理。空气锤的规格是用落下部分的质量来表示，一般为50～1000kg。

空气锤是由锤身（单柱式）、双缸（压缩缸和工作缸）、传动机构、操纵机构、落下部分和锤砧等几个部分组成，如图1.3.42(a)所示。空气锤是将电能转化为压缩空气的压力能来产生打击力的。空气锤的传动是由电动机经过一级皮带轮减速，通过曲轴连杆机构，使活塞在压缩缸内作往复运动产生压缩空气，进入工作缸使锤杆作上下运动以完成各项工作。空气锤的工作原理如图1.3.42(b)所示。

（2）蒸汽-空气锤。

如图1.3.43所示，也靠锤的冲击力锻打工件。蒸汽-空气锤自身不带动力装置，另需蒸汽锅炉向其提供具有一定压力的蒸汽，或空气压缩机向其提供压缩空气。其锻造能力明显大于空气锤，一般为500～5000kg，常用于中型锻件的锻造。

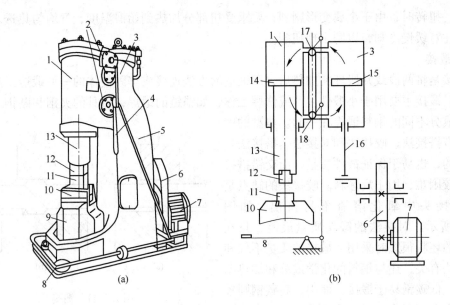

图 1.3.42 空气锤

（a）外形图；（b）工作原理

1—工作缸；2—旋阀；3—压缩缸；4—手柄；5—锤身；6—减速机构；7—电动机；
8—脚踏杆；9—砧座；10—砧垫；11—下砧块；12—上砧块；13—锤杆；
14—工作活塞；15—压缩活塞；16—连杆；17—上旋阀；18—下旋阀

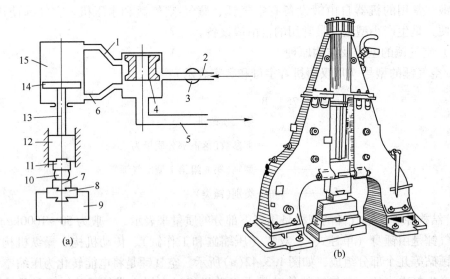

图 1.3.43 双柱拱式蒸汽-空气锤

（a）工作原理；（b）外形图

1—上气道；2—进气道；3—节气阀；4—滑阀；5—排气管；6—下气道；7—下砧；8—砧垫；
9—砧座；10—坯料；11—上砧；12—锤头；13—锤杆；14—活塞；15—工作缸

（3）水压机。

大型锻件需要在液压机上锻造，水压机是最常用的一种，如图 1.3.44 所示。水压机

不依靠冲击力，而靠静压力使坯料变形，工
作平稳，因此工作时振动小，不需要笨重的
砧座；锻件变形速度低，变形均匀，易将锻
件锻透，使整个截面呈细晶粒组织，从而改
善和提高了锻件的力学性能，容易获得大的
工作行程并能在行程的任何位置进行锻压，
劳动条件较好。但由于水压机主体庞大，并
需配备供水和操纵系统，故造价较高。水压
机的压力大，规格为 500～12500t，能锻造
1～300t 的大型重型坯料。

（4）机器自由锻的工具（图 1.3.45）。

1）夹持工具：如圆钳、方钳、槽钳、
抱钳、尖嘴钳、专用型钳等。

2）切割工具：如剁刀、剁垫、克棍
等。

3）变形工具：如压铁、摔子、压肩摔
子、冲子、垫环等。

4）测量工具：如钢直尺、内外卡钳
等。

5）吊运工具：如吊钳、叉子等。

（5）机器自由锻的操作。

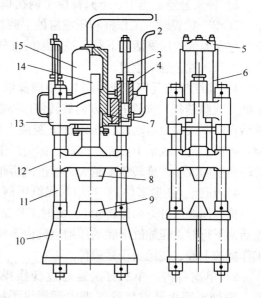

图 1.3.44　水压机

1，2—管道；3—回程柱塞；4—回程缸；5—回程横梁；
6—拉杆；7—密封圈；8—上砧；9—下砧；
10—下横梁；11—立柱；12—活动横梁；
13—上横梁；14—工作柱塞；15—工作缸

接通电源，启动空气锤后通过手柄或脚踏杆，操纵上下旋阀，可使空气锤实现空转、
锤头悬空、连续打击、压锤和单次打击五种动作，以适应各种加工需要。

1）空转（空行程）。当上、下阀操纵手柄在垂直位置，同时中阀操纵手柄在"空程"
位置时，压缩缸上、下腔直接与大气连通，压力相等，由于没有压缩空气进入工作缸，因
此锤头不进行工作。

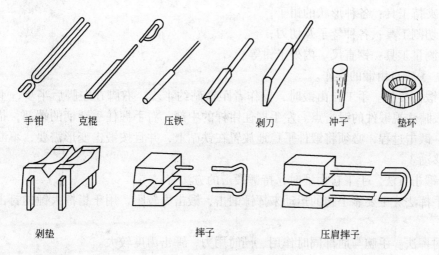

手钳　　　克棍　　　压铁　　　剁刀　　　冲子　　　垫环

剁垫　　　　　摔子　　　　　压肩摔子

图 1.3.45　机器自由锻工具

2）锤头悬空。当上、下阀操纵手柄在垂直位置，将中阀操纵手柄由"空程"位置转至"工作"位置时，工作缸和压缩缸的上腔与大气相通。此时，压缩活塞上行，被压缩的空气进入大气；压缩活塞下行，被压缩的空气由空气室冲开止回阀进入工作缸的下腔，使锤头上升，置于悬空位置。

3）连续打击（轻打或重打）。中阀操纵手柄在"工作"位置时，驱动上、下阀操纵手柄（或脚踏杆）向逆时针方向旋转使压缩缸上、下腔与工作缸上、下腔互相连通。当压缩活塞向下或向上运动时，压缩缸下腔或上腔的压缩空气相应地进入工作缸的下腔或上腔，将锤头提升或落下。如此循环，锤头产生连续打击。打击能量的大小取决于上、下阀旋转角度的大小，旋转角度越大，打击能量越大。

4）压锤（压紧锻件）。当中阀操纵手柄在"工作"位置时，将上、下阀操纵手柄由垂直位置向顺时针方向旋转45°，此时工作缸的下腔及压缩缸的上腔和大气相连通。当压缩活塞下行时，压缩缸下腔的压缩空气由下阀进入空气室，并冲开止回阀经侧旁气道进入工作缸的上腔，使锤头压紧锻件。

5）单次打击。单次打击是通过变换操纵手柄的操作位置实现的。单次打击开始前，锤处于锤头悬空位置（即中阀操纵手柄处于"工作"位置），然后将上、下阀的操纵手柄由垂直位置迅速地向逆时针方向旋转到某一位置再迅速地转到原来的垂直位置（或相应地改变脚踏杆的位置），这时便得到单次打击。打击能量的大小随旋转角度而变化，转到45°时单次打击能量最大。如果将手柄或脚踏杆停留在倾斜位置（旋转角度不大于45°），则锤头作连续打击，故单次打击实际上只是连续打击的一种特殊情况。

2. 手工自由锻

利用简单的手工工具，使坯料产生变形而获得的锻件方法，称为手工自由锻。

（1）手工锻造工具（图1.3.46）。

1）支持工具：如羊角砧等；

2）锻打工具：如各种大锤和手锤；

3）成型工具：如各种型锤、冲子等；

4）夹持工具：各种形状的钳子；

5）切割工具：各种錾子及切刀；

6）测量工具：钢直尺、内外卡钳等。

（2）手工自由锻的操作。

1）锻击姿势。手工自由锻时，操作者距铁砧约半步，右脚在左脚后半步，上身稍向前倾，眼睛注视锻件的锻击点。左手握住钳杆的中部，右手握住手锤柄的端部，指示大锤的锤击。锻击过程，必须将锻件平稳地放置在铁砧上，并且按锻击变形需要，不断将锻件翻转或移动。

2）锻击方法。手工自由锻时，持锤锻击的方法有：

①手挥法。主要靠手腕的运动来挥锤锻击，锻击力较小，用于指挥大锤的打击点和打击轻重。

②肘挥法。手腕与肘部同时作用、同时用力，锤击力度较大。

③臂挥法。手腕、肘和臂部一起运动，作用力大，可使锻件产生较大的变形量。但费

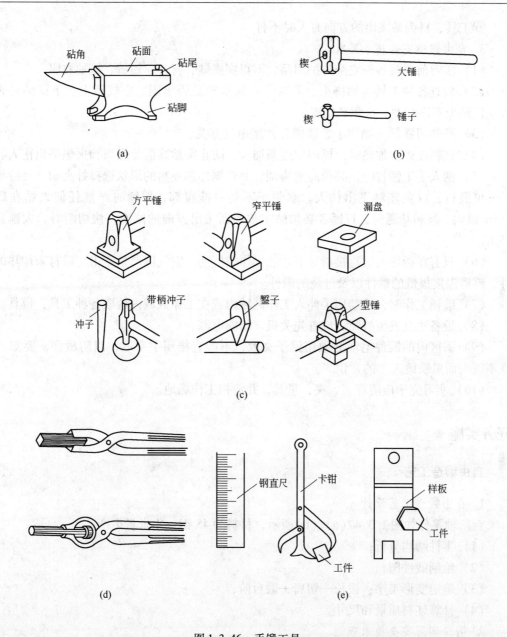

图 1.3.46　手锻工具

（a）铁砧；（b）锻锤；（c）衬垫工具；（d）手钳；（e）测量工具

力甚大。

3）锻造过程严格注意做到"六不打"：

①低于终锻温度不打；

②锻件放置不平不打；

③冲子不垂直不打；

④剁刀、冲子、铁砧等工具上有油污不打；

⑤镦粗时工件弯曲不打；

⑥工具、料头易飞出的方向有人时不打。

3. 自由锻造安全技术要求

（1）实习前穿戴各种安全防护用品，不得穿拖鞋、背心、短裤、短袖衣服。

（2）检查各种工具（如榔头、手锤等）的木柄是否牢固。空气锤上、下铁砧是否稳固，铁砧上不许有油、水和氧化皮。

（3）严禁用铁器（如钳子、铁棒等）捅电气开关。

（4）坯料在炉内加热时，风门应逐渐加大，防止突然高温使煤屑和火焰喷出伤人。

（5）两人手工锤打时，必须高度协调。要根据加热坯料的形状选择好夹钳，夹持牢靠后方可锻打，以免坯料飞出伤人。拿钳子不要对准腹部，挥锤时严禁任何人站在后面2.5m以内。坯料切断时，打锤者必须站在被切断飞出方向的侧面，快切断时，大锤必须轻击。

（6）只有在指导人员直接指导下才能操作空气锤。空气锤严禁空击、锻打未加热的锻件、终锻温度极低的锻件以及过烧的锻件。

（7）锻锤工作时，严禁用手伸入工作区域内或在工作区域内放取各种工具、模具。

（8）设备一旦发生故障，应首先关机、切断电源。

（9）锻区内的锻件毛坯必须用钳子夹取，不能直接用手拿取，以防烫伤，要知"红铁不烫人而黑铁烫人"的常识。

（10）实习完毕应清理工、夹、量具，并清扫工作场地。

任务实施

自由锻造工艺

1. 自由锻造工艺设计

台阶轴零件如图1.3.47(a)、(b)所示，材料为45钢，小批量生产。

（1）零件结构分析；

（2）绘制锻件图；

（3）确定变形工序：拔长—切肩—锻台阶；

（4）计算坯料质量和尺寸。

2. 锻造实习安全技术守则

（1）实习前要穿好工作服，戴好手套；

（2）检查所需使用的工具是否安全、可靠；

（3）操作前工具、材料及相关物品必须摆放整齐，并清除设备周围的一切障碍物；

（4）严禁身体的任何部位进入锻造设备落下部分的下方；

（5）去除砧面上的杂物应用刷子或扫帚，不得用嘴吹或用手直接清除；

（6）操作时要思想集中，注意姿势正确；

（7）不要站立在容易飞出火星和料边的地方；

（8）不要用手触摸或脚踏未冷透的工件，避免烫伤；

（9）不准击打冷的工件，防止工件飞出来打伤人。

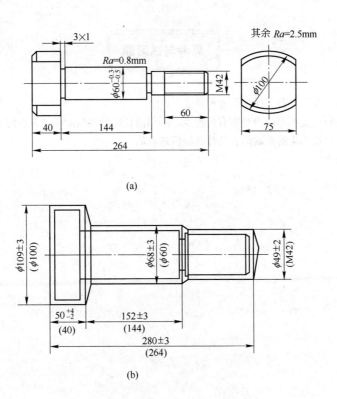

图 1.3.47　台阶轴零件

任务总结

正确使用简单的手工工具，使坯料产生变形而获得锻件，掌握锻造操作要领。

任务评价

学习任务名称			自由锻造工艺		
开始时间		结束时间		学生签字	
				教师签字	
项　目		技术要求		分　值	得　分
任务要求		（1）方法得当 （2）操作规范 （3）正确使用工具与设备 （4）团队合作			
任务实施报告单		（1）书写规范整齐，内容详实具体 （2）实训结果和数据记录准确、全面，并能正确分析 （3）回答问题正确、完整 （4）团队精神考核			

思考与练习题

1. 自由锻造工序如何分类，各工序变形有何特点？
2. 平砧镦粗时，坯料的变形与应力分布有何特点，不用高径比的坯料镦粗结果有何不同？
3. 平砧拔长时，坯料易产生哪些缺陷，是什么原因造成的？
4. 如何提高拔长效率？

任务四　模　锻

能力目标： 能正确地操作模锻常用设备，并进行一些简单的锻压成型。

知识目标： 掌握模锻模膛组成、常用设备及相关的工艺知识。区分模膛的种类和技术要求。能够进行一些简单的锻模设计

任务描述

通过学习相关模锻的基础知识，能够提高模锻的工艺知识和操作能力。本任务阐述了模锻常用设备及其模锻工艺和相关毛皮尺寸的确定，锻模的相关设计。

相关资讯

一、模型锻造

（一）模锻

金属坯料在具有一定形状的模膛内受冲击力或压力而变形的加工方法，称为模锻。

1. 模锻的特点

模锻具有以下特点：

（1）与自由锻相比，模锻的锻件尺寸和精度高；

（2）机械加工余量较小，节省加工工时，材料利用率高；

（3）可以锻造形状复杂的锻件；

（4）锻件内部流线分布合理，操作简便，劳动强度低，生产率高。

2. 模锻的分类

（1）按照模锻所采取的设备分类。

模锻生产所用设备有锤（模锻锤、无砧座锤、夹板锤）、热模锻压力机、平锻机、摩擦锻压机、水压机及其他特种锻压机（辊锻机、旋转锻机、扩孔机）。在相应设备上所进行的模锻，分别称为锤上模锻、摩擦压力模锻、水压模锻等，或是几种设备联合模锻。

1）模锻锤是在中批量或大批量生产条件下进行各种模锻件生产的锻造设备，可进行多型模锻，由于它具有结构简单、生产率高、造价低廉和适应模锻工艺要求等特点，因此它是常用的锻造设备。锻锤在现代锻造工业中的地位取决于如下几个方面：

①结构简单，维护费用低；

②操作方便，灵活性强；

③模锻锤可进行多模膛锻造，无需配备预锻设备，万能性强；

④成型速度快，对不同类别的锻件适应性强；

⑤设备投资少（仅为热模锻压力机投资的1/4）。

锻锤的突出优点在于打击速度快，因而模具接触时间短，特别适合要求高速变形来充填模具的场合。例如带有薄筋板、形状复杂的而且有重量公差要求的锻件。由于其快速、灵活的操作特性，其适应性非常强，被称之为万能设备。因而特别适合多品种、小批量的生产。锻锤是性能价格比最优的成型设备。特别是百协程控锻锤的出现，使锻锤在现代锻造业发展中又一次得到了复兴。

百协程控锻锤是充分发挥传统锻锤灵活自如、成型速度快的优势，综合运用了液压、电器等现代传动、控制技术，不仅具有简单可靠的结构，而且具有极为周到的运行监测系统、故障诊断系统、能量自控系统及程序打击控制系统，是当今锻造业中符合高效、节能、环保要求的具有高精度、高可靠、高性价比特点并具有广泛适应性的现代化精密锻造设备。

2）螺旋压力机适用于模锻、镦锻、精压、校正、切边、弯曲等工序。但由于螺旋压力机的平均偏载能力远小于热模锻压力机和锻锤，因此，螺旋压力机不适合一次加热完成几道工序（如去除氧化皮，预锻和切边）。所以，当采用螺旋压力机终锻时，需要用另外的设备完成辅助工序。

螺旋压力机模锻的工艺特点是由设备的性能决定的。由于螺旋压力机具有模锻锤和热模锻压力机的双重工作特性，即在工作过程中有一定的冲击作用；滑块行程不固定；设备带顶料装置；锻件形成中滑块和工作台之间所受的力由压力机的框架结构所承受等，其特点如下：

①螺旋压力机滑块行程速度较慢，略带冲击性，可以在一个型槽内进行多次打击变形。所以，它可以为大变形工序（如镦粗、挤压）提供大的变形能量，也可以为小变形的工序（如精压、压印）提供较大的变形力。

②由于滑块行程不固定并设有顶料装置，很适于无飞边模锻及长杆类锻件的镦锻，用于挤压和切边工序时，须在模具上增设限制行程装置。

③螺旋压力机承受偏心载荷的能力较差，通常用于单型槽模锻，制坯一般在其他辅助设备上进行。也可在偏心力不大的情况下布置两个型槽，如压弯——终锻或镦粗——终锻。

螺旋压力机模锻也受设备吨位小、工作速度低和需配备辅助设备制坯等不利因素的限制，一般用于中小型锻件的中小批量生产。

3）热模锻压力机上模锻的特性是受压力机本身结构特点所决定的。具有如下特点：

①机架和曲柄连杆机构的刚性大，工作中弹性变形小，模锻可以得到精度较高的锻件。

②滑块具有附加导向的象鼻形结构，从而增加滑块的导向长度，提高了导向精度。由于热模锻压力机导向精度高，并采用带有导向装置的组合模，所以能锻出精度较高的锻件。各个工步的型槽制作在更换方便的镶块上，并用紧固螺钉紧固在通用模架上。工作时上下模块不产生对击。

③压力机的工作行程固定，一次行程完成一个工步。

④设有自动顶出装置。

4）模锻设备技术参数见表1.4.1。

表1.4.1　设备技术参数的选择

参 数 名 称	蒸汽锤	螺旋压力机	曲柄压力机	百协程控锻锤
打击速度/m·s^{-1}	4~7	0.6~0.8	0.3~0.7	4~6
冷击时间/ms	2~3	30~60	30~60	2~3
成型时间/ms	5~15	30~150	80~120	5~15
打击频率	80~100	6~15	40~80	80~110
灵活性	好	差	差	好
投资比例	1	1~2	4	2
适应性	多品种小批量	单一零件大批量	单一零件大批量	多品种小批量
结构复杂程度	最简单	一般	最复杂	简单
自动化程度	差	差	好	好
锻造原理	多次锤击成型	一次冲击成型	静压力成型	多次锤击成型
工作精度	差	差	高	高
能源消耗比较	15	2~3	3	1

（2）按照模膛的结构形式分类。

1）开式模膛。如图1.4.1所示，分模面（上、下模分界面）垂直于作用力方向，有飞边槽，已产生阻力使金属易于充满模膛，并容纳多余的金属及打击时起缓冲作用，是模锻中采用的最广泛的方式。通常所指的模锻也就是开式模锻。

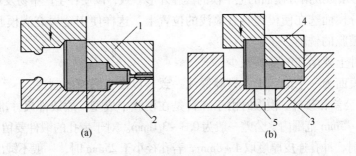

图1.4.1　模膛
1—上模；2—下模；3—外模；4—冲头；5—顶出装置

2）闭式模膛。它又称为无飞边模锻。分模面平行作用力方向，金属在封闭的模腔内成型，无飞边产生。这种形式可以节约金属材料，减少飞边，但易使模锻寿命下降，并对下料、制坯用坯料定位等要求较高，锻件出模困难。一般适于形状简单而对称的锻件。在摩擦压力机上使用广泛。

3）小飞边模膛。它是开式、闭式模膛的变形，飞边槽设置在金属最后充满模膛的位置，目的是提高容纳多余的金属。克服了开式模膛的缺点，易于得到准确的尺寸，提高模具的寿命。

（3）按照所使用的设备分类。

模锻可分为锤上模锻、胎模锻、压力机上模锻。

（二）锤上模锻

锤上模锻是将上模固定在模锻锤头上，下模紧固在砧座上，通过上模对置于下模中的坯料施以直接打击来获得锻件的模锻方法。

1. 锤上模锻锻模结构

一般工厂主要采用蒸汽-空气模锻锤，其结构主要由带燕尾的上模和下模两部分组成。下模用楔铁紧固在模垫上，上模通过楔铁紧固在锤头上并与锤头一起做上下运动，上下模构成型腔（图1.4.2）。

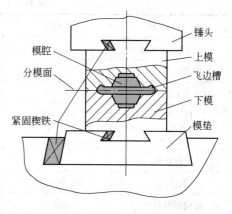

图 1.4.2 锤上模锻模腔示意图

（1）模锻设计过程。

制定锻件图、坯料计算、工序的确定和模腔设计、设备选择、坯料加热、模锻及锻件的修正工序。

（2）模锻件图制定。

锻件图是用作设计和制造锻模、计算坯料和检验锻件尺寸的依据，对模锻件生产质量有很大关系。

1）分模面的确定。分模面就是上、下模在锻件上的分界面。应按照以下原则确定：

①要保证锻件能从模腔中顺利取出，一般选择在锻件最大尺寸处。

②分模面必须做成沿分模面的上下模的模腔外形一致，以便在生产中易发现错模事故。

③最好把分模面选在使模腔具有最浅的位置上。这样便于金属充满模腔，锻件易于取出，并有利于模腔的铣削。

④应使零件上要增加的敷料最少。

⑤最好分模面为一平面，上下模腔深浅一致，以便于锻模的制造。

2）余量、公差和敷料。模锻时由于坯料是在模腔中成型，故锻件尺寸准确、表面光洁。余量一般在 0.4～5mm 范围内，公差一般为 0.3～3.0mm。对于带孔的锻件要留冲孔连皮，若孔径在 30～80mm 时，冲孔连皮厚度取 4～8mm。若孔径小于 25mm 时，一般不锻出，见图 1.4.3。

3）模锻斜度。模锻件的侧面，平行于锤击力方向的表面必须有斜度，以便于从模腔中取出锻件。锤上模锻斜度一般为 5°～15°，其值与模腔的深度和宽度之比 h/b 有关系，h/b 越大，则模锻斜度取较大值。内壁斜度要比外壁斜度大 2°～5°，见图 1.4.4。

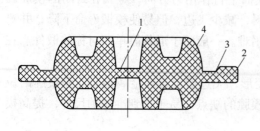

图 1.4.3 冲孔连皮

1—飞边；2—分模面；3—连皮；4—锻件

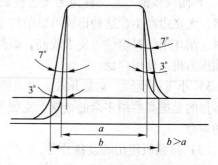

图 1.4.4 模锻斜度

4）圆角半径。在零件上所有两平面的交角均需作成圆角，这样可以增加锻件强度，模锻时金属便于流动而充满模腔，避免了锻模在凹入的尖角处产生应力集中而造成裂纹，在凸起的尖角处阻碍金属流动而容易磨损，从而提高了模具的使用寿命。内圆角半径 R 比外圆角半径 r 大 3～4 倍，模腔越深，则圆角半径取较大值，见图 1.4.5。

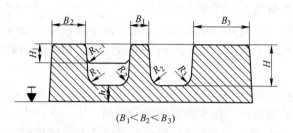

$(B_1 < B_2 < B_3)$

图 1.4.5　圆角半径

2. 模腔的分类

模锻时的上下模块分别固定在锤头和模垫上，模块上加工出模腔，模腔可分为模锻模腔和制坯模腔两大类。

（1）模锻模腔。

模锻模腔又分为终模锻模腔和预模锻模腔两种。

1）终模锻模腔。其作用是使坯料最后变形到锻件所要求的外形和尺寸，因此它的形腔应和锻件的外形相同。但因锻件要冷缩，终锻模腔的尺寸应比锻件尺寸大一个收缩量。钢件收缩量取 1.5%。另外，沿模腔四周有飞边槽，用以增加金属从模腔中溢出的阻力，促使金属能更好地充满模腔，同时容纳多余的金属。

2）预模锻模腔。其作用是使坯料预变形到接近锻件的外形和尺寸。在进行终锻时，金属容易充满终锻模腔而达到锻件要求的外形和尺寸。同时能减少终锻模腔的磨损，延长锻模的使用寿命。预锻模腔和终锻模腔主要区别是前者的圆角半径和斜度大于后者，模腔周边无飞边槽。

（2）制坯模腔。

对于外形复杂的锻件，为了使坯料形状逐步地接近锻件的形状，以便金属变形均匀，纤维合理分布和顺利地充满模锻模腔。因此要设计出制坯模腔以满足上述要求。

制坯模腔有以下几种：

1）延伸模腔。用来减小坯料某部分横截面积以增加其长度。当锻件沿轴线横截面积上相差较大，则采用延伸模腔。

2）滚压模腔。用来减小坯料局部横截面积，增大另一部分的横截面积，使金属能按锻件的形状分配。

3）弯曲模腔。对于弯曲的杆类锻件，要采用弯曲模腔，坯料在其他制坯工序后可直接放入弯曲模腔，弯曲后的坯料转 90°再放入模锻模腔。

4）切断模腔。由上下模的角组成的一对刀口，用于切断金属。

制坯锻模共有五个模腔，坯料经过延伸、滚压、弯曲三个制坯模腔的变形工艺后，已初步接近锻件的形状，然后再利用预锻和终锻模腔制成带有毛边的锻件，最后还需在压力机上用切边模将毛边去除，获得所需工件。

3. 模锻工步的确定

（1）模锻工步的确定及模膛种类的选择

模锻工步一般根据工件类型来确定，主要有：

镦粗。用来减小坯料高度，增大横截面积。

拔长。将坯料绕轴线翻转并沿轴线送进，用来减小坯料局部截面，延长坯料长度。

滚压。操作时只翻转不送进，可使坯料局部截面聚集增大，并使整个坯料的外表圆浑光滑。

弯曲。用来改变坯料轴线形状。

预锻。改善锻件成型条件，减少终锻模膛的磨损。

终锻。使锻件最终成型，决定锻件的形状和精度。在终锻模膛的四周开有飞边槽。

有的模锻是根据零件的结构来确定工步内容，常见的零件类型包括：

1）长轴类模锻件，其工步为拔长、滚压、弯曲、预锻、终锻等。

2）盘类锻件：镦粗、预锻、终锻。

3）修整工序：

①切边和冲孔；

②热处理——正火、退火；

③校正——防变形；

④清理——去氧化皮等。

（2）模锻工步确定后，再选择预锻模膛和终锻模膛（图1.4.6）。

终锻模膛——形状同锻件，尺寸比锻件放大一个收缩量。

预锻模膛——形状、尺寸与锻件接近，无飞边槽，圆角和斜度较大。

1）终锻模膛是各种型槽中最重要的模膛，用来完成锻件最终成型。终锻模膛按热锻件图加工制造和检验，所以设计终锻模膛，须先设计热锻件图。热锻件图的高度方向的尺寸标注是以分模面为基准，以便于锻模机械加工和准备样板。同时，

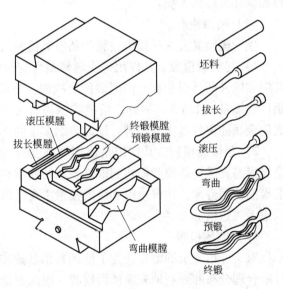

图 1.4.6 模锻模膛示意图

考虑到金属有冷缩现象，热锻件图上所有尺寸应计入收缩率。

2）预锻模膛的主要目的是在终锻前进一步分配金属，分配金属是为了确保金属无缺陷流动，易于充填型槽。减少材料流向毛边槽的损失，减小终锻模膛磨损（由于减少了金属的流动量），取得所希望的流线和便于控制锻件的力学性能。

（3）计算热锻件图尺寸

$$L = 1 \times (1 + \delta) \tag{1.4.1}$$

式中 L——热锻件图尺寸；

l——冷锻件图尺寸；

δ——终锻温度下金属的收缩率，钢为 0.8%~1.5%，不锈钢为 1.0%~1.8%，钛合金为 0.5%~0.9%，铝合金为 0.6%~1.0%，铜合金为 0.6%~1.3%，镁合金为 0.7%~0.8%，镍基高温合金为 1.3%~1.8%。

对薄而宽或细而长的锻件，在模具中冷却快，或打击次数多而使终锻温度较低，其收缩率应适当减小。

当需要计入模具收缩率（如用高温合金作模具等温模锻钛合金）时，可按下式计算锻件收缩率

$$\delta = (\alpha_1 t_1 - \alpha_2 t_2) \times 100\% \qquad (1.4.2)$$

式中　α_1——终锻温度下锻件材料的平均线膨胀系数；

　　　α_2——模具材料在模具加热温度下的线膨胀系数；

　　　t_1——从模具中取出时的锻件温度；

　　　t_2——模锻过程中模具保持的温度。

加放收缩率还应注意如下两点：

1）无坐标中心的圆角半径不加放收缩率；

2）利用终锻模膛进行校正工序的锻件，其收缩率应按校正温度而适当减小。

（三）胎模锻

胎模锻是在自由锻设备上使用可移动模具生产模锻件的一种锻造方法。胎模不固定在锤头或砧座上，只在使用时才放到下砧上去。

1. 胎模锻的特点

胎模锻前，通常先用自由锻制坯，再在胎模中终锻成型。它既具有自由锻简单、灵活的特点，又兼有模锻能制造形状复杂、尺寸准确的锻件的优点，因此适于小批量生产中用自由锻成型困难、模锻又不经济的复杂形状锻件。

2. 胎模锻的结构形式

胎模可分成制坯整形模、成型模和切边冲孔模等。图 1.4.7(a) 所示是制坯整形模的一种，称摔模（又称克子），为最常用的胎模，用于锻件成型前的整形、拔长、制坯、校正。用摔模锻造时，须不断旋转锻件，因此适用于锻制回转体锻件。扣模、套模、合模（图 1.4.7(b)、(c)、(d)）均为成型模。扣模由上扣和下扣组成，或只有下扣，而以上砧块代替上扣。扣模既能制坯，也能成型，锻造时，锻件不转动，可移动。扣模用于非回转体杆料的制坯、弯形或终锻成型。套模分开式和闭式两种：开式套模只有下模，上模由上砧块代替，适用于回转体料的制坯或成型，锻造时常产生小飞边；闭式套模锻造时，坯料在封闭模膛中变形，无飞边，但产生纵向毛刺，除能完成制坯或成型外，还可以冲孔。合模一般由上、下模及导向装置（定位销）组成，用于形状复杂的非回转体锻件的成型。切边模(图 1.4.7(e)) 用于切除飞边。

3. 常用胎模的用途

扣模主要用于非回转体锻件的局部或整体成型；筒模主要用于锻造法兰盘、齿轮坯等回转体盘类零件；合模由上、下模两部分组成，主要用于锻造形状较复杂的非回转体锻件。

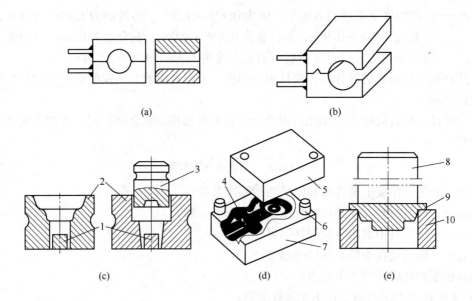

图 1.4.7　胎模锻

1—垫块；2—套筒；3，5—上模；4—膛模；6—定位销；

7—下模；8—冲头；9—锻件飞边；10—垫块（凹模）

（四）压力机上模锻

由于模锻锤在工作中存在振动和噪声大、劳动条件差、能源消耗大等缺点，特别是大吨位的模锻锤，因此有被压力机取代的趋势。

1. 摩擦压力机上模锻

摩擦压力机吨位 350 ~ 1000 吨，多用于中、小型锻件。摩擦压力机上模锻特点如下：

（1）行程不固定。

（2）滑块速度较慢，适用于塑性稍差的合金材料。

（3）设备有顶料装置，可采用组合模具。

（4）偏心承载能力差，适用于单膛模锻。

2. 曲柄压力机上模锻

曲柄压力机吨位 2000 ~ 12000 吨，适用于大批量生产。曲柄压力机上模锻特点如下：

（1）滑块行程固定。

（2）采用组合模。

（3）有导向、顶杆装置。

（4）可以一次成型。

3. 平锻机模锻

平锻机吨位 50 ~ 3150 吨，适合加工 $\phi25 ~ 230mm$ 棒料。

平锻机模锻也称平锻，是镦锻长杆件、管件的头部和用棒料制造带通孔环形件的常用方法，材料利用率可达 90% 左右，如制造长轴的法兰部分、轴承环等。

工作时，活动凹模移动，将端部已加热的棒料夹住，然后由固定在主滑块上的多工位凸模进行镦锻，使金属充满模具的模腔。如果棒料的变形部分长度大于棒料直径的 3 倍，则必须在预锻、终锻之前对棒料端部进行一次或几次聚积，避免镦锻时棒料弯曲或产生折叠。锻通孔时，先锻出带盲孔的锻件，然后在冲头穿孔时将锻件与棒料分离。平锻件一般不产生飞边或只产生较小的飞边，所以材料的利用率高，但需要将棒料夹住后锻造，所以要求棒料有较小的直径公差，见图 1.4.8、图 1.4.9。

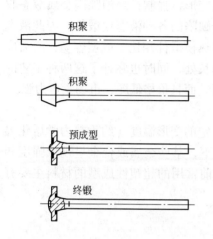

图 1.4.8　平锻机模锻成型工艺

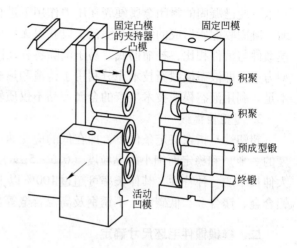

图 1.4.9　平锻机及其运动过程

4. 水压机模锻

水压机的工作速度低，行程大，压力高，并且可以调节，有顶出装置；如有需要还可以从几个方向施加压力（多向模锻水压机）。巨型水压机的压力达到几十万千牛，工作平台面积达几十平方米。它适用于模锻大型钢、钛合金、铝合金和镁合金锻件，特别是大型航空锻件，如飞机框架、起落架大梁。多向模锻水压机则适合于模锻各种多空腔复杂锻件，如高压机壳，阀体和三叉、四叉管子接头等。

（五）其他模锻方法

1. 精密模锻

精密模锻一般是指在模锻设备上锻造出高精度以及形状较为复杂锻件的锻压先进工艺。

精密模锻的具体工艺虽然因锻件的不同而有所不同，但必须采取模具精确，少、无氧化加热及对锻模进行良好的润滑等工艺措施。其特点主要有：

（1）精密模锻件的尺寸精度一般在 ±0.2mm 以上，表面粗糙度 Ra 低于 $6.3\mu m$，能达到产品的少、无切削加工和精密化，直接生产零件；同时便于实现机械化、自动化生产。

（2）精密模锻件的纤维组织分布合理，力学性能和使用寿命较好。

（3）精密模锻对形状越复杂、批量大的中小型零件的生产经济性较好。

（4）精密模锻工艺复杂，工序较多，要求设备刚度大、精度高、吨位大，维修保养的要求较高，生产上多采用摩擦压力机。

精密模锻在生产中应用较为广泛，主要生产中、小型零件，如汽轮机叶片、发动机连杆、飞机操纵杆、汽车中的直齿锥齿轮以及自行车零件、医疗器械等。

2. 液态模锻

液态模锻是将定量的熔化金属倒入凹模型腔内，在金属即将凝固或半凝固状态下（即液、固两相共存）用冲头加压使其凝固以得到所需形状锻件的方法。液态模锻是铸造技术和热模锻技术的复合。该项技术利用金属铸造时液态易流动成型容易的特点，结合热模锻技术，使已凝固的封闭金属硬壳在压力作用下进行塑性变形，强制性地消除因金属液态收缩、凝固收缩所形成的缩孔和缩松，以获得无任何铸造缺陷的各种液态模锻件。因此液态模锻件与铸件相比，补缩彻底，易于消除各种缺陷；与热模锻件相比，成型容易，所需成型力小，即液态模锻新技术充分利用了铸造和热模锻的长处，同时也弥补了这两种工艺的不足。利用液态模锻技术生产的金属产品不仅质轻耐用，而且价格低廉，市场竞争力强。

3. 超塑性模锻

超塑性是指在特定条件下，即在低的应变速率，一定的变形温度（约为热力学熔化温度的一半）和稳定而细小的晶粒度（0.5～5μm）条件下，某些金属或合金呈现低强度和大伸长率的一种特性，其伸长率可超过100%以上。目前常用的超塑性成型的材料主要有铝合金、镁合金、低碳钢、不锈钢及高温合金等。

二、模锻锻件毛坯尺寸确定

（一）锻件的机械加工余量和公差的确定

普通模锻方法很难满足机械零件的要求，一般来说存在如下两方面的问题。

（1）锻件走样。

由于欠压、锻模磨损、上下模错移、毛坯体积和终锻温度的波动，使得锻件的形状发生变化，尺寸在一定范围内波动；又由于锻件出模需要模腔带有斜度，锻件侧壁不得不添加敷料；形状复杂的长轴类锻件还可能发生翘曲、歪扭，从而导致锻件与零件有较大的差别。

（2）表面质量不易保证。

由于锻件表面氧化与脱碳、合金元素蒸发与污染，表面裂纹时有发生；表面粗糙度也达不到零件图要求等，使得锻件的表面质量远远低于机械加工零件表面质量。

正是由于这两方面的原因，使得锻件设计时，不得不考虑添加一层包覆零件外层的金属，即余量，而且还得规定适当的公差，以保证锻件的误差落在余量范围之内。锻件图尺寸、余量、公差与零件图尺寸的关系参见图1.4.10。锻件上凡是需要机械加工的表面，都应给予加工余量。此外，对于重要的承力件，要求100%取样试验或为了检验和机械加工定位的需要，还得考虑必要的工艺余块。加工余量的大小与零件的形状复杂程度、尺寸精度、表面粗糙度、锻件材质和模锻设备等因素有关。过大的余量将增加切削加工量和金属损耗；加工余量若不足，又会使锻件废品率增加。

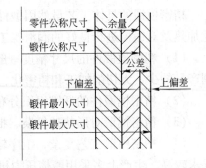

图1.4.10　锻件的尺寸与公差关系图

1. 模锻件加工余量的确定

（1）模锻件加工余量由下列因素共同组成

$$Z = \frac{M + m + h + x}{2} \tag{1.4.3}$$

式中　Z——加工余量，mm；

　　　　M——精加工的最小余量，mm；

　　　　m——锻件的最大错移量等形位公差，mm；

　　　　h——表面缺陷（凹坑、脱碳等）层的深度，mm；

　　　　x——锻件尺寸的下偏差，mm。

（2）影响加工余量的因素。

锻件需要切削加工的表面均应有足够的余量，而余量的大小受下列因素的影响：

1）锻件的尺寸大小。锻件尺寸大，加工余量较大；锻件尺寸小，加工余量也小。

2）零件的尺寸精度、表面粗糙度要求以及零件的形状复杂程度。当尺寸精度和表面粗糙度要求高或形状复杂时，必须多次加工，此时加工余量就应适当增加。

3）锻件各类公差对加工余量有影响，尤其应着重考虑错移、直线度、平面度、同轴度、顶杆压痕等形位公差。

4）零件机械加工方法与工艺。机械切削加工零件时，只要求锻件能保证最小余量即可；电解加工时，则要求有均匀的余量；有中间热处理工序或零件需经焊接或组合加工时，应留有较多的余量。

5）锻件的材料。铝镁合金毛坯加热后氧化少，可减少粗加工余量；钢和钛合金锻件表面缺陷层深，应加大余量。

2. 模锻件公差的分类

（1）模锻件的公差为锻件最大极限尺寸与最小极限尺寸之差，它可以是具有上下偏差的双向公差或是只有一向偏差的单向公差。

（2）按所代表的技术要素的定义可分为：1）尺寸公差，包括长度、宽度、厚度、中心距、角度、出模斜度、圆弧半径和圆角半径等公差。2）形状位置公差，包括直线度、平面度、深孔轴的同轴度、错移量（锻件上分模线一侧的任一点和另一侧的对应点之间不一致的允许值）、剪切端变形量和杆部变形量等。

（3）表面技术要素公差，包括深度、残留毛边与毛边过切量、顶杆压痕深度和表面粗糙度等。各项公差都不应该互相叠加。

3. 模锻件公差依据的确定

（1）锻件的精度等级。

锻件的精度等级分为普通级（用粗锻或普通模锻工艺锻压）、半精密级（用普通模锻或半精锻工艺锻压）和精密级（用精锻工艺锻压），其中精密级锻件应根据需要单独确定锻件公差。

（2）锻件的质量和公称尺寸的大小。

这里应注意的是长、宽、高尺寸公差如属外表面尺寸的，其正负偏差值按 2/3 和 −1/3 比例分配；属内表面尺寸的，其正负偏差值按 1/3 和 −2/3 比例分配。厚度公差则按 3/4，−1/4 或 1/3，−1/3 的比例分配。

（3）锻件的形状复杂系数。

形状复杂系数 S 值大小分为四个等级。当 $S = 1 \sim 0.63$ 时，形状复杂程度为较低的 I 级，锻件形状简单；$S = 0.63 \sim 0.32$ 时，形状复杂程度为 II 级，为普通形状锻件；$S = 0.32 \sim 0.16$ 时，形状复杂程度为 III 级，锻件形状较复杂；$S \leqslant 0.16$ 时，形状复杂程度为 IV 级，锻件形状复杂。

根据提特斯（Teteies）提出的轴对称锻件的形状复杂系数为

$$S = \alpha\beta \qquad\qquad (1.4.4)$$

式中　α, β——分别为纵、横截面形状系数。

纵截面形状系数　　　　　$\alpha = x_{\mathrm{f}}/x_{\mathrm{c}}(x_{\mathrm{f}}/x_{\mathrm{c}} = p^2/F, \ x_{\mathrm{c}} = P_{\mathrm{c}}^2/F_{\mathrm{c}})$

式中　p——锻件纵截面的周界长度；

　　　F——锻件纵截面的面积；

　　　P_{c}——锻件外接圆柱体的纵截面周界长度；

　　　F_{c}——锻件外接圆柱体的纵截面面积。

横截面形状系数　　　　　$\beta = 2R_{\mathrm{G}}/R_{\mathrm{C}}$

式中　R_{G}——从对称轴至半个纵截面的重心的径向距离；

　　　R_{C}——锻件外接圆柱体的半径。

（4）锻件的材质系数。

材质系数按锻压的难易程度也分为四个等级，规定可锻性优的铝合金、镁合金为 M_0；可锻性良的低碳、低合金钢为 M_1；可锻性一般的高碳、高合金钢为 M_2；可锻性差的不锈钢、耐热钢、高温合金、钛合金为 M_3。

（5）锻压工艺类型。

锻压工艺类型指锻件是在锤上模锻、曲柄压力机上模锻还是在其他设备上锻压。其模锻具体的余量、公差数值可在有关标准或锻压手册中查找。

（二）模锻坯料重量的计算、工艺的设计

1. 坯料重量的计算

（1）锻件重量。

锻件重量根据锻件图计算确定，烧损及工艺损耗重量可参考自由锻和锤上模锻的有关资料。由于胎模锻工艺常用于中小厂、中小批量生产，工艺变化多样，所以坯料重量通常是先经概略计算，再采用试锻方法确定。当采用无飞边焖形工艺时，需严格控制坯料重量，否则可能产生次（废）品。套模焖形的锻件，在模具变形较大时，每次投料前应重新测量模具尺寸，核定坯料重量。对于实心件而言，其重量为直径平方乘以长度，再乘以系数。

1）圆：$6.165 \times (0.785 \times 7.85)$；

2）六角：$6.8 \times (0.866 \times 7.85)$；

3）八角：$6.5 \times (0.828 \times 7.85)$；

4）方：$7.85 \times (1 \times 7.85)$。

空心圆筒 $G = ($外径平方 $-$ 内径平方$) \times$ 长度 $\times 6.165$。另外，公差一般计入一半，如正负 10mm，一般外圆的名义尺寸上再加 5mm 计入，内圆则是减 5mm 计入。

（2）坯料直径的选择。

胎模锻工艺与坯料尺寸有关。如摔模成型时，坯料直径一般应等于或略大于锻件最大直径。若无合适的坯料，则可增加拔长或镦粗工序，胎模多在中小型工厂（车间）生产，锻件种类繁多，仓库材料规格很难齐全，经常出现量材使用，材料代用的情况，有的不能按工艺最优选用。以下原则可供参考：

1）对镦粗成型为主的锻件，合适的长径比应在 0.8~1.0 与 2.0~2.5 之间，这样便于剪切下料并在镦粗时不产生纵向弯曲。

2）对以拔长成型为主的锻件，坯料直径与拔长部分所需长度比应大于 0.3，否则拔长后端面产生凹心。

3）对局部镦粗的锻件，坯料直径应等于或略小于（约 1~5mm）锻件杆部直径尺寸。

（3）模型锻造选择总体原则。

1）所选材料本身的锻造比（高度与直径的比）最好不要超过 2.5。

2）所选材料落好料后的总长要在锤子的正常打击的行程内。

3）在保证以上的条件下尽可能选直径小的材料，以减少材料损耗率。

2. 锻件毛坯下料尺寸和锻件坯料尺寸的确定

（1）锻件下料尺寸的确定：

合理地选择圆棒料的尺寸规格和下料方式，对于保证锻件质量和方便锻造操作都有直接的关系。在圆棒料的下料长度（L）和圆棒料的直径的关系上，应满足 $L = (1.25 \sim 2.5) d$。在满足上述关系的前提下，尽量选用小规格的圆棒料。关于下料方式，对于模具钢材料原则上采用锯床切割下料，应避免锯一个切口后打断，这样容易生成裂纹。如采用热切法下料，应注意将毛刺除尽，否则容易生成折叠而造成锻件废品。

（2）计算锻件坯料体积 $V_{坯}$：

$$V_{坯} = V_{锻} K \tag{1.4.5}$$

式中 $V_{锻}$——锻件的体积；

　　　K——烧损系数（$K = 1.05 \sim 1.10$）。

理论圆棒料直径

$$D_{理} = \sqrt[3]{0.637 V_{坯}} \tag{1.4.6}$$

实际圆棒料的直径尺寸按现有钢材棒料的直径规格选取，当比较接近实有规格时

$$D_{理} = D_{实}$$

圆棒料的长度应根据锻件毛坯的质量和选定的坯料直径，通过查选棒料长度重量表确定。

3. 锻模相关设计

（1）锻模设计程序和一般要求。

锻模设计是为了实现一定的变形工艺而进行的。因此，在生产中应首先根据零件的尺寸、形状、技术要求、生产批量大小和车间的具体情况确定变形工艺和模锻设备，然后再设计锻模。锻模设计的程序如下：

　　1）分析成品的形状（研究成品的锻造工艺性）。

　　2）根据零件图设计锻件图。

　　3）确定制造方法（一模几件）和设备种类，计算所需吨位。

　　4）确定模锻工步和设计模膛，其顺序是先设计终锻模膛，然后设计预锻模膛和制坯模膛。

　　5）设计锻模模体（或模具组合体）。

　　6）设计切边模和冲孔模。

　　7）设计校正模。

　　8）确定模具材料。

　　（2）锻件图是生产中的基本技术文件，根据它设计模具、确定原毛坯的尺寸和验收锻件等，机械加工车间也是根据锻件图来设计工卡具的。

　　锻件图制定的工作内容包括：

　　1）确定分模面的位置和形状。

　　2）确定余量、公差和余块。

　　3）确定模锻斜度。

　　4）确定锻件的圆角半径。

　　5）确定冲孔连皮的形状和尺寸。

　　6）确定辐板和筋的形状和尺寸。

　　（3）设计锻模时应满足以下要求：

　　1）保证获得满足尺寸精度要求的锻件。

　　2）锻模应有足够的强度和高的寿命。

　　3）锻模工作时应当稳定可靠。

　　4）锻模工作时应满足生产率的要求。

　　5）便于操作。

　　6）模具制造简单。

　　7）锻模安装、调整、维修简单。

　　8）在保证模具强度的前提下尽量节省锻模材料。

　　9）锻模的外廓尺寸等应符合设备的技术规格。

任务实施

锤上模锻工艺设计

　　锤上模锻成型的工艺过程一般为：

　　切断毛坯→加热坯料→模锻→切除模锻件的飞边→校正锻件→锻件热处理→表面清理→检验→成堆存放

　　锤上模锻成型的工艺设计包括制定锻件图、计算坯料尺寸、确定模锻工步（选择模膛）、选择设备及安排修整工序等，其中最主要的是锻件图的制定和模锻工步的确定。

　　1. 模锻件图的绘制

　　（1）选择模锻件的分模面：

1）分模面应为最大截面，并使模腔深度较浅。

2）分模面应为平面，模腔加工应方便。

3）分模面不应选在锻件形状过渡面上。

（2）机械加工余量及锻件公差：只有机械加工面才应有加工余量。一般加工余量为 0.5～5mm，公差为 0.3～3mm，如图 1.4.11 所示。

（3）模锻斜度：沿锤击方向或垂直于分模面的表面应有模锻斜度。外壁斜度小于内壁斜度（$\alpha_1 < \alpha_2$），如图 1.4.12 所示。

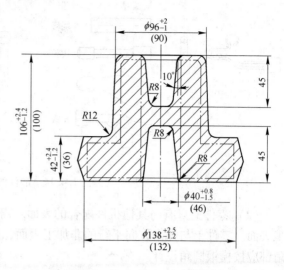

图 1.4.11 机械加工余量及锻件公差

（4）锻模圆角：所有两表面交角处都应有圆角。一般内圆角半径（R）应大于其外圆半径（r），如图 1.4.13 所示。

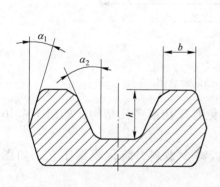

图 1.4.12 模锻斜度

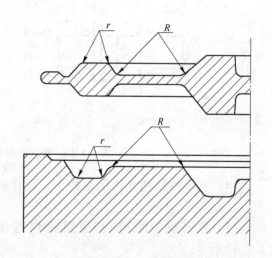

图 1.4.13 锻模圆角

（5）留出冲孔连皮：锻件上直径小于 25mm 的孔，一般不锻出，或只压出球形凹穴。大于 25mm 的通孔，也不能直接模锻出通孔，而必须在孔内保留一层连皮。冲孔连皮的厚度 s 与孔径 d 有关，当 $d = 30～80mm$ 时，$s = 4～8mm$。

2. 模锻工步的确定及模腔种类的选择

长轴类锻件，如台阶轴、曲轴、连杆、弯曲摇臂等；一般为拔长、滚挤、预锻、弯曲、终锻成型，如图 1.4.14 所示。

3. 模锻成型件的结构工艺性

（1）模锻零件必须具有一个合理的分模面，以保证模锻件易于从锻模中取出、敷料最少、锻模容易制造。

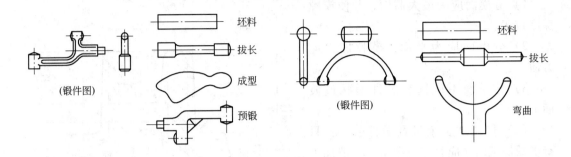

图 1.4.14　锻件的变形工艺

（2）零件上只有与其他机件配合的表面才需进行机械加工，其他表面均应设计为非加工表面。零件上与锤击方向平行的非加工表面，应设计出模锻斜度。非加工表面所形成的角都应按模锻圆角设计。

（3）为了使金属容易充满模腔和减少工序，零件外形力求简单、平直和对称，尽量避免零件截面间差别过大，或具有薄壁、高筋、凸起等结构，如图 1.4.15 所示。

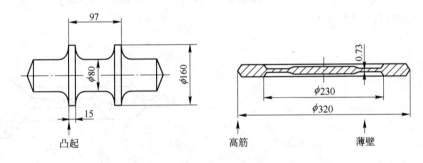

图 1.4.15　锻件的薄壁、高筋、凸起示意图

（4）在零件结构允许的条件下，设计时尽量避免有深孔或多孔结构，如图 1.4.16 所示。

（5）在可能条件下，应采用锻-焊组合工艺，以减少敷料，简化模锻工艺，如图 1.4.17 所示。

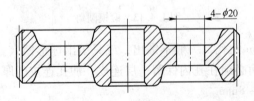
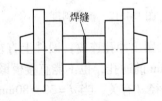

图 1.4.16　深孔或多孔结构锻件　　　图 1.4.17　典型零件锻-焊组合工艺过程

4. 零件图纸的分析

汽车后闸传动杆零件如图 1.4.18 所示，上下端面、四个大孔、$\phi 20.3$ 孔的端面和 $\phi 8$ 孔需机械加工，其余均需模锻锻出。

（1）选择分模面。

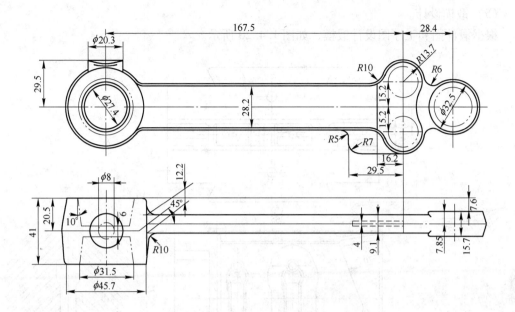

图 1.4.18 汽车后闸传动杆零件图

1）主视图中的中心线。这样分模面为一平面，但所有的孔和槽都不能锻出。

2）俯视图中的对称面。分模面为一折面，但孔和槽都能锻出。

（2）确定锻孔。

零件上大于 25mm 的孔都应锻出，其余的孔不锻出。

（3）确定模锻工序。

为提高生产率，采用一坯锻两件。因零件为长轴类零件，确定锻造工序为：拔长、滚挤、预锻、终锻和切断，如图 1.4.19 所示。

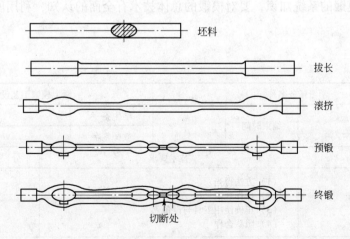

图 1.4.19 锻造工序图

（4）绘制锻件图。

将分模面、加工余量、锻件公差、冲孔连皮、斜度和圆角半径加在零件图上。

（5）锻模设计。

根据锻件图和工序图设计锻模，如图 1.4.20 所示。

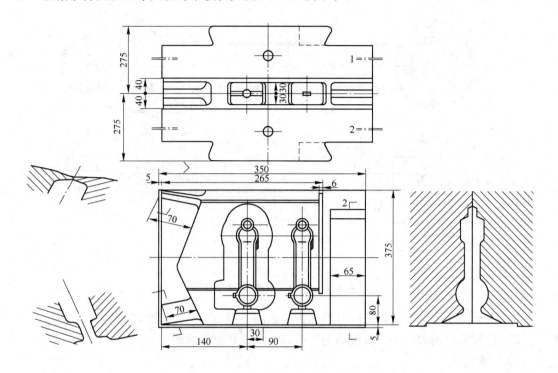

图 1.4.20　锻模设计图

任务总结

通过学习模锻的系统知识，要对模锻的总体技术有全面的认知，利用所学的知识合理设计和操作。

任务评价

学习任务名称				锤上模锻工艺设计		
开始时间		结束时间		学生签字		
				教师签字		
项　目		技术要求			分　值	得　分
任务要求		（1）方法得当 （2）操作规范 （3）正确使用工具与设备 （4）团队合作				
任务实施报告单		（1）书写规范整齐，内容详实具体 （2）实训结果和数据记录准确、全面，并能正确分析 （3）回答问题正确、完整 （4）团队精神考核				

思考与练习题

1. 模锻的定义及组成。
2. 锻模设计程序有哪些内容？

任务五　有色金属及合金锻造

能力目标：会制定铝合金锻造的相关工艺要求及规范。掌握镁及镁合金、钛及钛合金、铜及铜合金的锻造工艺方法。

知识目标：掌握坯料的准备和加热规范及锻造工艺，镁及镁合金锻造工艺，钛及钛合金锻造工艺，铜及铜合金锻造工艺。

任务描述

有色金属，即指铁、铬、锰三种金属以外的所有金属。有色金属材料是金属材料的一类，主要是铜、铝、铅和镍等。其耐腐蚀性在很大程度上取决于其纯度。加入其他金属后，一般其力学性能增高，耐腐蚀性则降低。冷加工（如冲压成型）可提高其强度，但降低其塑性。最高许用温度：铜（及其合金）是 250℃，铝是 200℃，铅是 140℃，镍是 500℃。有色金属分为重金属、轻金属、贵金属、半金属和稀有金属五类。有色合金按合金系统分为重有色金属合金、轻有色金属合金、贵金属合金、稀有金属合金等；按合金用途则可分为变形合金（压力加工用合金）、铸造合金、轴承合金、印刷合金、硬质合金、焊料、中间合金、金属粉末等。有色材料按化学成分分为铜和铜合金材、铝和铝合金材、铅和铅合金材、镍和镍合金材、钛和钛合金材。按形状分类时，可分为板、条、带、箔、管、棒、线、型等品种。

本任务阐述铝合金锻造的相关工艺要求及规范。铝合金锻造主要有自由锻和模锻两种基本方法。自由锻是将工件放在平砧（或型砧）间进行锻造；模锻是将工件放在给定尺寸和形状的模具内进行锻造。此外，还有顶锻、辊锻等方法。阐述镁及镁合金锻造工艺，钛及钛合金锻造工艺，铜及铜合金锻造工艺方法。

相关资讯

变形铝合金根据工艺塑性和力学性能可分为三类。属于低强度、高塑性的合金，如 6A02、3A21、5A02、5A03、5A05 及工业纯铝等；属于中等强度和塑性的合金，如 2A14、2B50、2A70、2A80、2A02、2A06、2A11、2A16、2A17、5A06 等；属于高强度、低塑性的合金，如 7A04、7A09 等。

大多数变形铝合金都有较好的可锻性，可用来生产各种形状和类别的锻件。各种铝合金的可锻性随着温度的增加而增加，但温度对各种合金的影响程度有所不同。例如，高硅含量的 4032 合金的可锻性对温度变化很敏感，而高强度 Al-Zn-Mg-Cu 系 7075 等合金受温度影响较小。其原因在于，各种合金中合金元素的种类和含量不同，强化相的性质、数量及分布特点也大不相同，从而显著影响合金的塑性及对变形的抗力。

锻造时，铝合金的流动应力随成分的不同而显著改变，各合金中流动应力的最高值约为其最低值的两倍（即表示所需锻造载荷相差约两倍）。一些低强度的铝或铝合金，例如，工业纯铝1100和6A02（LD2）合金，其流动应力较碳钢低；而高强度铝合金尤其是Al-Zn系合金，例如，7A04（LC4），7A09（LC9）等，它们的流动应力显著高于碳钢；还有一些铝合金，例如，2219（LY19），它们的流动应力和碳钢相近。一般认为，铝合金比碳钢和某些合金钢较难锻造；而与镍基合金、钴基合金相比，铝合金则显然较易锻造，特别是当采用等温模锻技术的情况下更明显。因此铝合金的锻造有其本身的工艺特点。

一、铝合金锻造

（一）铝坯料的准备和加热

1. 坯料准备

供锻造用的铝合金坯料有铸锭、轧制毛坯和挤压毛坯。铸锭常用于制造自由锻件和各向异性比较小的模锻件。对于大型模锻件的坯料，当挤压棒材的尺寸不够时，大多也采用经锻造后的铸锭作坯料。锻造前，铸锭表面要进行机械加工，使其表面粗糙度低于12.5μm，并进行均匀化退火，以改善塑性。

铝合金的轧制毛坯，具有纤维状的宏观组织。常用轧制厚度小于100mm的板坯和条坯制造壁板类锻件和大批生产的小型薄锻件。轧制毛坯较挤压的和锻制的毛坯具有较好的表面质量、较均匀的组织和力学性能，因此在用棒材作坯料制造大型重要锻件和模锻件时，首先选用轧制棒材，其次选用挤压棒材，最后才选用锻制棒材。选用轧制毛坯的问题是，厚度大的轧制板坯下料较困难，而且下料过程中金属损耗大。

铝合金的挤压毛坯，由于生产灵活性大，目前大多数铝合金锻件都是以挤压毛坯作为锻造用坯料，挤压棒材尤其适于用作长轴类锻件的坯料。但挤压毛坯的各向异性大，而且表皮有粗晶环、成层、表皮气泡等缺陷，因此模锻前必须清除这些表皮缺陷。

铝合金坯料常用的下料方法是用锯床、车床或铣床下料，较少用剪床下料，个别情况下采用坯料加热后锤上剁切。

2. 锻前加热

由于铝合金锻造温度范围很窄，铝合金毛坯的加热应选用能够保证达到要求的温度范围并易于自动控制的箱式电阻炉，炉内空气要强制循环，并采用带有隔热屏的加热元件。目前，国内铝合金毛坯大多用铁铬铝丝电阻炉加热，炉子装有精度在±10℃范围内的自动控制仪表。为测量温度，在加热区距毛坯100～160mm处安装热电偶，基本符合要求。没有电炉时，可以使用煤气炉和油炉，但不允许火焰直接接触坯料，以防过烧。燃料的硫含量要低，以免高温下硫渗入晶界。

装炉前，毛坯要除去油垢及其他污物，炉内不得与钢坯混装，以免铝屑和氧化铁屑混在一起容易产生爆炸。装炉时毛坯不得与加热元件接触，以免短路和碰坏加热元件。炉内毛坯放置距炉门250～300mm，以保证加热均匀。在毛坯和电阻丝之间加放钢板，以预防毛坯在加热过程中过烧。

铝合金导热性良好，任何厚度的毛坯均不需要预热，可直接在高温炉内加热，要求毛坯加热到锻造温度的上限。为了保证强化相的充分溶解，其加热时间一般仍比钢坯的加热时间长，可按每 1mm 直径（或厚度）约需 1.5min 计算。对于挤压坯料或轧制坯料加热到开锻温度后，是否需要保温，以在锻造和模锻时不出现裂纹为准，而铸锭则必须保温。

表 1.5.1 列出常用变形铝合金的锻造温度范围。表中数据表明，铝合金的锻造温度范围比较窄，一般都在 150℃ 范围内，某些高强度铝合金的锻造温度范围甚至在 100℃ 范围内。锤上锻造温度一般比压力机上锻造温度低 20~30℃。为了减小锻造温度的变化，有必要对铝合金锻造用模具进行预热。

表 1.5.1　变形铝合金锻造温度和加热规范

合金种类	合金牌号[①]	锻造温度/℃		加热温度 （±10）/℃	加热时间 /min·mm^{-1}
		始锻	终锻		
锻　铝	6A02（LD2）	480	380	480	
	2A50（LD5）、2850（LD6）、 2A70（LD7）、2A80（LD8）	470	360	47	1.5
	2A14（LD10）	460	360	460	
硬　铝	2A01（LY2）、2A11（LY11）、 2A16(LY11)、2A17(LY17)	470	360	470	
	2A02（LY2）、2A12（LY12）	460	360	460	
超硬铝	7A04（LC4）、7A09（LC9）	450	380	450	3.0
防锈铝	5A03（LF3）	470	380	470	
	5A02（LF2）、3A21（LF21）	470	360	470	1.5
	5A06（LF6）	470	400	40	

①括号内为旧牌号。

国外技术资料表明，对铝合金的锻造温度采用更窄范围。例如，美国最常用的 15 种铝合金，其锻造温度范围一般小于 55℃，最大不超过 90℃。和国内的锻造温度相比较，始锻温度被降低，终锻温度被提高。在较窄的温度范围内锻造，无疑合金的塑性好，变形抗力较小，所获得的再结晶组织均匀而且细小。

（二）锻造工艺

1. 变形速度和变形程度

变形速度对大多数铝合金的塑性没有太大的影响，只是个别高合金化的铝合金在高速变形时，塑性才显著下降。此外，当由低变形速度过渡到高变形速度时，变形抗力随着合金的合金化程度不同，大约增大 0.5~2.0 倍。因此，铝合金锻造既可在低的变形速度下进行，也可在高的变形速度下进行。但是为了增大允许的变形程度和提高生产效率，降低变形抗力和改善合金充填模具型腔的流动性，则选用压力机和模锻来锻造铝合金要比锤锻好些。对于大型铝合金锻件和模锻件，尤其如此。

铝合金在高速锤上锻造时，由于变形速度很大，内摩擦很大，热效应也大，使合金在锻造时的温升（约 100℃）比较明显。为此，铝合金的始锻温度应加以调整，锻前毛坯的加热温度宜取原规定的始锻温度下限。另外，由于铝合金的外摩擦系数大，流动性差，若变形速度太快，容易使锻件产生起皮、折叠和结晶组织不均匀等缺陷，对于低塑性的高强度铝合金还容易引起锻件开裂。所以，此类铝合金最适合在低速压力机上锻造。

选用合理的变形程度，可保证合金在锻造过程中不开裂，并且变形均匀，获得良好的组织和性能。为了保证铝合金在锻造过程中不开裂，在所选的锻压设备上每次打击或压缩时允许的最大变形程度应根据合金的塑性图确定。表1.5.2列出铝合金的允许变形程度。

表1.5.2　铝合金锻造的允许变形程度

合金分组	水压机	锻锤、热模锻曲柄压力机	高速锤	挤　锻
	镦　粗			
低强度合金及 2A50 合金	80% ~85%	80% ~85%	80% ~90% 对 5A05 40% ~50%	≥90%
中强度合金及 5A06 合金	70%	50% ~60%	85% ~90% 对 5A06 40% ~50%	≥90%
高强度合金	70%	50% ~60%	85% ~90%	≥90%
粉末合金	30% ~50%	50% ~60%		≥80%

铝合金锻件最易于产生粗大晶粒，除了临界变形原因外，模具表面粗糙、变形剧烈不均匀、终锻温度低、淬火温度高和时间长等，都会导致产生粗大晶粒。为避免形成粗晶，终锻温度下的变形程度应适当控制。

2. 锻件、锻模设计和工艺操作的特点

对于铝合金锻件在选取分模面时，除了与钢锻件在选取分模面所考虑的因素相同外，特别还要考虑到变形均匀，若分模面选取不合理，容易使锻件的流线紊乱，切除毛边后流线末端外露，而且铝合金锻件更容易在分模面处产生穿流、穿肋裂纹等缺陷，从而降低其疲劳强度和抗应力腐蚀能力。

铝合金在锻造过程中的表面氧化、污染以及金相组织变化不明显，所以机械加工余量应当比钢、高温合金小一些。

铝合金的黏附力大，在实际生产中为了便于起料，通常采用的模锻斜度为7°。在有顶出装置的情况下，也可采用1°~5°斜角。

对铝合金锻件来说，设计圆角半径尤为重要。小圆角半径不仅使金属流动困难，纤维折断，而且会使锻件产生折叠、裂纹，并降低锻模寿命，所以在可能允许的条件下应尽量加大圆角半径。铝合金锻件的圆角半径一般比钢锻件的圆角半径大。为了防止铝合金锻件切边后在分模线上产生裂纹，其锻模的毛边槽桥部高度和圆角半径要比钢锻件锻模大30%。

铝合金不适宜采用滚压和拔长模膛。因为在滚压和拔长制坯过程中，易使毛坯内部产生裂纹。一般多采用单模膛锻模。特别对形状复杂的锻件，更要采用多套模具，多次模锻，使简单形状的毛坯逐步过渡到复杂形状的锻件，这样易使金属流动均匀，充填容易，保持流线连续。

由于铝合金的黏附力大，流动性差，要求对模具工作表面进行仔细抛光，磨痕的方向最好顺着金属的流动方向，模具工作表面粗糙度达到1.6μm以上。

为了减少模具工作表层的热应力，有利于金属的流动和充填模膛，确保终锻温度，模具在工作前必须进行预热，预热温度为250~400℃。

锤上模锻时，由于铝合金棒材表面有粗晶环，塑性差，锻造时容易产生裂纹，因此在操作过程中，开始应先轻击几下，打碎表面粗晶环，提高金属的塑性，然后逐渐重击，使金属充满模膛。

（三）模锻时的润滑

模具润滑可以改善金属流动，避免粘模，减少锻件表面缺陷，还可使模锻时的压力降低9%～15%，因此模具润滑成为铝合金锻造工艺质量的关键因素之一，无论是润滑操作系统还是润滑剂都属于模具润滑的研究开发重点项目。根据镦粗试验估算，铝合金不用润滑剂时的摩擦系数为0.48，采用各种润滑剂时的摩擦系数介于0.06～0.24之间，摩擦系数随压下量的增大而提高。

把铝坯料浸入质量分数为10%的NaOH水溶液中，在其表面产生一种疏松的化学氧化涂层，可起到润滑剂的作用。通常，铝合金锻件润滑剂的主要成分是石墨，也可在胶体悬浮液中添加一些有机的或无机的化合物，以获得更好的效果。润滑剂的载体可以是矿物油或水等。例如，石墨＋机器油（比例1.5∶1）可在500～600℃下使用。但应指出，含有石墨的润滑剂，对于模锻铝合金有严重的缺点，其残留物不容易去除；嵌在锻件表面的石墨粒子可能引起污点、麻坑和腐蚀。因此，锻后必须进行表面清理。

应用润滑剂时，可用喷雾方法将润滑剂喷到模具上。国外在一些高度自动化的大体积铝锻件的锻造工艺中，已实现了由单坐标或多坐标机器人的自动化喷涂润滑剂。现代化润滑操作系统在全自动条件下能提供非常精确的润滑图形或消耗量，因此可获得优化的和一致的润滑条件。

（四）锻件的热处理和清理

1. 锻件的热处理

铝合金锻件的退火工序，一般用于数道压力加工工序之间的中间退火，或对供应状态锻件的退火。退火的目的是为了消除锻件中遗留的加工硬化和内应力，提高合金的塑性，以便于进行变形程度较大的压力加工或便于机械加工。铝合金锻件主要采用高温退火（又称再结晶退火，见表1.5.3和完全退火。目前逐步采用快速退火新工艺代替传统的高温退火工艺。对于要求热处理强化的铝合金锻件具有低强度、高塑性，而快速退火又达不到的要求时，应采用完全退火工艺。常用铝及铝合金锻件的再结晶退火制度如表1.5.3所示。

表1.5.3　常用铝及铝合金锻件的再结晶退火制度

合金牌号	退火温度/℃	冷却剂	合金牌号	退火温度/℃	冷却剂
工业纯铝 1060～8A06	350～410	空气或水	2A11（LY11）	350～370	空　气
			2A12（LY12）	350～370	空　气
5A02（LF2）	350～410	空气或水	6A02（LD2）	350～370	空　气
5A03（LF3）	350～410	空气或水	2A50（LD5）	350～460	空　气
5A05（LF5）	310～350	空气或水	2850（LD6）	350～460	空　气
5A06（LF6）	310～350	空气或水	2A70（LD7）	410～430	空　气
5805（LF10）	350～410	空气或水	2A80（LD8）	350～460	空　气
3A21（LF21）	350～410	空气或水	2A90（LD9）	350～460	空　气
2A02（LY2）	350～370	空气或水	2A14（LD10）	350～460	空　气

注：括号内的牌号为旧牌号。

2. 锻件的清理与修伤

铝及铝合金锻件的清理与修伤在铝合金锻造工艺过程中占有重要的地位。由于铝及铝合金的硬度较低，流动性差，与模具的黏附力大，因此锻件易产生折叠、裂纹、起皮等缺陷。这些缺陷如果不及时清除干净，再次模锻时就会继续发展，致使锻件报废。

锻件的清理工序为：模锻后在带锯或切边模上除去毛边，切边后的锻件吊入酸洗槽清洗。洗净后检查锻件缺陷，对锻件上暴露出来的缺陷，用铣刀、风铲等工具将缺陷修掉。修伤处应与周围圆滑过渡，以免再次模锻时产生折叠。

除超硬铝外，铝合金锻件都是在冷态下用切边模切边，对于大型模锻件，通常是用带锯切割毛边的。锻件的连皮用冲头冲掉或用机械加工切除。应当注意，对于合金化程度较高的铝合金，模锻后不能长时间不切去毛边，由于可能因时效而析出强化相，这时切边会在剪切处出现撕裂。铝合金锻件锻后一般在空气中冷却，但为了及时切除毛边，也可在水中冷却。

二、镁合金锻造工艺

（一）坯料准备

镁合金锻造用原料主要有铸锭和挤压棒材，大多数情况下都采用挤压棒材，仅在锻造大型模锻件时，才采用铸锭作为原材料。为提高可锻性，铸锭锻前应进行均匀化退火，以改善其塑性。镁合金挤压棒材的特点是塑性好，但其力学性能的异向性较铝合金挤压棒材严重，这是由于在挤压过程中，除形成纤维组织外，密排六方晶格脆的基面逐步转向与挤压方向重合而造成的。

（二）　镁合金锻造工艺特点

镁合金最适宜的加工方法是挤压、闭式模锻及在型砧中自由锻造等。当用这些方法加工时，工具壁对金属形成侧压力，使得拉伸应力和拉伸应变为最小。

镁合金与铝合金，在锻造的各个方面有许多相似之处，例如，在锻件设计及模具设计方面，余量、公差和模锻斜度等，二者是相同的。因镁合金的工艺塑性比铝合金低，所以某些参数也略有差别，例如 MB15 和 MB7 合金锻件的腹板厚度比相同条件下的铝合金锻件要大一些。

镁合金的流动性差，只适于单型槽模锻。对一些形状复杂尺寸、较大的模锻件，一般采用自由锻制坯，最后进行单型槽模锻。模具型腔表面光洁度要高，精心抛光表面有助于锻造过程中金属的流动，并可防止锻件表面粗糙、划伤等缺陷。镁合金导热性好，遇到冷模具会产生激冷而造成裂纹。由于模锻时锻件与模具接触面积大、接触时间长，模具必须预热，预热温度应比锻坯温度稍低，模具预热温度一般为 $250 \sim 300℃$。环轧模因与工件接触面小、接触时间短，故对模具预热温度要求不严。

用于铝合金模锻的各种润滑剂均适用于镁合金。常将油剂石墨涂或喷在热模具上，油剂燃烧后在模具上留有一薄层石墨，也可采用水剂胶体石墨以便于清洁。虽然不太方便，但有时也可直接采用喷灯火焰中残余的烟黑进行润滑。无论采用什么样的润滑剂，都要涂得均匀，并且润滑剂涂层要薄。若锻件上的石墨沉积很厚，将在酸洗时易产生点蚀或电化学腐蚀。

镁合金锻件锻后通常在空气中空冷。国外对镁合金采用锻后直接淬水以防进一步的再结晶和晶粒长大。对于一些时效硬化合金，淬水阻止了硬化成分从固溶体中析出，但是它们可在随后的时效处理中析出。

小批量生产的镁合金锻件常用带锯在冷态切边。镁合金容易产生切边裂纹，用切边模切除毛边时，适宜采用咬合式模具，尽可能使凸凹模间的间隙小或无间隙，切边温度应在200～300℃之间。

（三）镁合金锻造缺陷

镁合金锻件易产生粗晶环锻裂、射穿性裂缝、穿筋等缺陷。这些缺陷的产生原因及防止措施，与铝合金的相同。

镁合金锻件表面易出现点状腐蚀缺陷，腐蚀点呈暗灰色粉末状，经喷砂或酸洗处理成为凹坑或小孔洞。为防止点状腐蚀，锻造时不能采用含有盐类的润滑剂，锻后镁合金锻件应及时除油、酸洗并吹干。如需长期存放应进行氧化处理并油封。

中、低塑性的镁合金的镦粗时，坯料表面容易沿最大剪应力方向（与打击方向呈45°）产生开裂。由于这些合金的塑性对变形速度很敏感，所以宜在压力机上锻造，如果在锤上锻造，开始时应轻击，否则因锤击过重、变形量过大，容易引起剪切破坏。另外，锻造温度不能过低，否则硬脆相析出使合金的塑性更低。

镁合金常因切边裂纹而导致锻件开裂，这是因为镁合金的塑性差，对拉应力特别敏感所致，防止切边裂纹的措施如前所述。

三、钛及钛合金锻造工艺

钛及钛合金可以在各种锻造设备上锻造，主要分为自由锻和模锻两类。自由锻的主要设备是液压机和锻锤，近年来发展起来的用于锻造的设备有径向锻造机和轧锻机、摆辗机和辗环机等，其中有些设备的变形机理已经超出锻造的范围。模锻近年来发展迅速的是等温锻，一般来说，尺寸小、形状简单、偏差要求不严的钛锻件，可以很容易地在锤上锻造出来；但是，对于变形量大、要求剧烈变形的钛锻件，则宜选用水压机来锻造。对于大型复杂的整体结构的钛锻件，则采用大型模锻设备来生产。

（一）钛合金锻造的下料工艺

对于钛合金锻造，由于材料昂贵，更适宜锻造成型，不仅改善构件内部质量，还可节约金属材料。锻造的每一个环节都或多或少影响着锻件的内部质量或外观质量。因此，必须严格按锻造工艺流程完成每一工序。

钛合金锻造用的锻（轧）棒，表面有一层硬脆的 α 层，模锻前，需去掉该层，以免锻造时引起坯料表面开裂。对于直径小于 50mm 的棒材，需去掉 3mm 厚的表层，直径大于 50mm 的棒材，需去掉 5mm。对挤压棒材，直径小于 50mm 的，可车去 2mm，直径大于50mm 的，一般车去 3mm。车削后，如个别部位仍有缺陷，可进行局部打磨予以消除，打磨深度不应大于 0.5mm。

锻造用的定尺寸钛合金毛坯可用锯床、车床、阳极切割机床、冲剪机、砂轮切割机或在锻锤、水压机上进行切割。在冲剪机上热切效率最高。

1. 圆盘锯切割

圆盘锯片的厚度介于 2 ~ 8mm 之间，适宜切割直径较大的棒料。圆盘锯的线速度约 30000 ~ 35000mm/min，进刀量小时能获得较洁净的端面。为防止金属黏结刀具，烧伤金属，可用悬浮液减轻摩擦，冷却刀具。

2. 阳极切割

钛合金阳极机械切割，切口宽度不超过 3mm，用浓度为 1. 28 ~ 1. 32g/cm³ 的水玻璃作工作液。阳极切割虽切耗少，但生产率低。

3. 锤上或水压机上切割

切割前，需将棒料预热到变形开始温度进行冲切（或剁切）。工业纯钛可在冲剪机上冷态剪切。

4. 车床上车切割

钛合金车切时，切削速度应在 25000 ~ 30000mm/min 内，进刀量为 0. 2 ~ 0. 3mm/r。

扒皮去掉 α 层时，车切规范为：切削速率 15000 ~ 20000mm/min。无 α 层时的车削规范与表面粗糙度有关：当粗糙度 $Ra = 0. 63 ~ 2. 5\mu m$ 时，进刀量为 0. 08 ~ 0. 1mm/r；$Ra = 1. 25 ~ 5\mu m$ 时，进刀量为 0. 1 ~ 0. 2mm/r；当 $Ra = 2. 5 ~ 10\mu m$ 时，进刀量为 0. 3 ~ 0. 4 mm/r。车削加工时必须使用润滑冷却液，供给 1 ~ 1.5MPa 压力。

5. 砂轮切割

钛合金棒材直径小于 60mm 时，宜用砂轮切割。砂轮切割的直径超过 20mm 时，应该用冷却液。砂轮切割效率较高，但砂轮片的寿命较短。

毛坯切割后，端头的锐角应该倒圆，否则进行端面模锻或在卧式锻造机上顶镦时，可能引起折叠。直径小于 50mm 的毛坯，锐角倒圆半径 R 为 1. 5 ~ 2.0mm；直径超过 50mm 的毛坯，锐角倒圆半径 R 为 3 ~ 4mm。

在制造特别重要的零件时（如叶片），棒材或定尺寸毛坯车外圆后要进行超声波检查，以发现内部缺陷。

（二）钛合金锻造的加热工艺

钛合金加热的第一个特点是，与铜、铝、铁和镍相比，钛的热导率低，加热的主要困难是：采用表面加热方法时，加热时间相当长。大型坯料加热时，截面温差大。与铜、铁、镍基合金的热导率随着温度的提高而下降不同，钛合金的热导率是随着温度的提高而增加。

钛合金加热的第二个特点是，当提高温度时它们会与空气发生强烈的反应。当在 650℃ 以上加热时，钛与氧强烈反应，而在 700℃ 以上时，则与氮也发生反应，同时形成被这两种气体所饱和的较深表面层。例如，当采用表面加热方式把直径为 350mm 的钛坯料加热到 1100 ~ 1150℃ 时，就需要在钛与气体强烈反应的温度范围中保温 3 ~ 4h 以上，则可能形成厚度为 1mm 以上的吸气层。这种吸气层会恶化合金的变形性能。

在具有还原性气氛的油炉中加热时，吸氢特别强烈，氢能在加热过程中扩散到合金内部，降低合金的塑性。当在具有氧化性气氛的油炉中加热时，钛合金的吸氢过程显著减慢；在普通的箱式电炉中加热时，吸氢更慢。

由此可知，钛合金毛坯应在电炉中加热。当不得不采用火焰加热时，应使炉内气氛呈微氧化性，以免引起氢脆。无论在哪类炉子中加热，钛合金都不应与耐火材料发生作用，炉底上应垫放不锈钢板。不可采用镍含量超过 50% 的耐热合金板，以免坯料焊在板上。

为了使锻件和模锻件获得均匀的细晶组织和高的力学性能，加热时，必须保证毛坯在高温下的停留时间最短。因此，为解决加热过程中钛合金的导热率低和高温下吸气严重的问题，通常采用分段加热。在第一阶段，把坯料缓慢加热到 650~700℃，然后快速加热到所要求的温度。因为钛在 700℃ 以下吸气较少，分段加热氧在金属中总的渗透效果比一般加热时小得多。

采用分段加热可以缩短坯料在高温下的停留时间。虽然钛在低温时导热系数低，但在高温时导热系数与钢相近，因此，钛加热到 700℃ 后，可比钢更快地加热到高温。

对于要求表面质量较高的精密锻件，或余量较小的重要锻件（如压气机叶片、盘等），坯料最好在保护气氛中加热（氩气或氦气），但这样做投资大，成本高，且出炉后仍有被空气污染的危险，因此生产中常采用涂玻璃润滑剂保护涂层，然后在普通箱式电阻炉中加热。玻璃润滑剂不仅可避免坯料表面形成氧化皮，还可减少 α 层厚度，并能在变形过程中起润滑作用。

工作时若短时间中断，应将装有坯料的炉子的温度降至 850℃，待继续工作时，以炉子功率可能的速度将炉温重新升至始锻温度。当长时间中断工作时，坯料应出炉，并置于石棉板或干砂上冷却。

（三）钛合金锻造的自由锻工艺

自由锻主要用于铸锭的初加工，即制造圆截面、方截面或矩形截面的棒材半成品。单件或小批生产中自由锻比模锻在经济上更合理时，通常也采用自由锻来制造大尺寸毛坯。

从铸锭到成品棒材，其锻造过程通常分为三个阶段完成。

1. 开坯

它的始锻（开坯）温度在 β 转变点以上 150~250℃，这时，铸造组织的塑性最好。开始时应轻击、快击使锭料变形，直到打碎初生粗晶粒组织为止。变形程度必须保持在 20%~30% 范围内。把锭料锻成所需截面，然后切定定尺寸毛坯。

铸造组织破碎后塑性增加。聚集再结晶是随温度升高、保温时间加长和晶粒的细化而加剧的，为了防止产生聚集再结晶，必须随晶粒细化逐步降低锻造温度，加热保温时间也要严格加以控制。

2. 多向反复镦拔

它是在 β 转变点温度以上 80~120℃ 始锻，交替进行 2~3 次镦粗和拔长，同时交替改变轴线和棱边。这样使整个毛坯截面获得非常均一的具有 β 区变形特征的再结晶细晶组织。如毛坯在轧机上轧制，可不必进行此种多向镦拔。

3. 第二次多向反复镦拔

它与第一次多向反复镦拔方式一样，但始锻温度取决于锻后半成品是下一道工序的毛坯还是交付产品。若是作下一道工序的毛坯，始锻温度可比 β 转变温度高 30~50℃；若是交付产品，始锻温度则在 β 转变温度以下 20~40℃。

由于钛的热导率低，在自由锻设备上镦粗或拔长坯料时，若工具预热温度过低，设备的打击速度低，变形程度又较大，往往在纵剖面或横截面上形成 X 形剪切带。水压机上非等温镦粗时尤其如此。这是因为工具温度低，坯料与工具接触造成金属坯料表层激冷，变形过程中，金属产生的变形热又来不及向四周传导，从表层至中心形成较大的温度梯度，结果金属形成强烈流动的应变带。变形程度愈大，剪切带愈明显，最后在符号相反的拉应力作用下形成裂纹。因此，在自由锻造钛合金时，打击速度应快些，尽量缩短毛坯与工具的接触时间并尽可能预热工具到较高的温度，同时还要适当控制一次行程内的变形程度。

　　锻造时，棱角处冷却最快。因此拔长时必须多次翻转毛坯，并调节锤击力，以免产生锐角。锤上锻造，开始阶段要轻打，变形程度不超过 5%～8%，随后可以逐步加大变形量。

（四）钛合金锻造的模锻工艺

　　模锻通常是用来制造外形和尺寸接近成品，随后只进行热处理和切削加工的最后毛坯。锻造温度和变形程度是决定合金组织、性能的基本因素。钛合金的热处理与钢的热处理不同，对合金的组织不起决定作用。因此，钛合金模锻的最后工步的工艺规范具有特别重要的作用。

　　为了使钛合金模锻件能同时获得较高的强度和塑性，必须使毛坯的整体变形量不低于30%，变形温度不超过相变温度，并且应力求温度和变形程度在整个变形毛坯中尽可能分布均匀。

　　钛合金模锻件组织和性能均匀性不及钢锻件。在金属激烈流动区，经再结晶热处理后，其金相低倍组织为模糊晶，高倍组织为等轴细晶；在难变形区，因变形量小或无变形，其组织往往保留变形前的状态。因此在模锻一些重要的钛合金零件（如压气机盘、叶片等）时，除了控制变形温度在 T_β 以下和适当的变形程度外，控制原毛坯的组织是十分重要的，否则，粗晶组织或某些缺陷会遗传到锻件中，而且其后的热处理又无法消除，将导致锻件报废。

　　锤上模锻外形复杂的钛合金锻件时，在热效应局部集中的急剧变形区域内，即使严格控制加热温度，金属的温度可能还是会超过合金的 T_β。例如模锻横截面为工字形的钛合金毛坯时，锤击过重，中间（腹板区）部分的温度因变形热效应的作用比边缘部分高约100℃。另外，在难变形区和具有临界变形程度区域，在模锻之后加热过程中易形成塑性和持久强度都比较低的粗晶组织。所以锤上模锻外形复杂的锻件，其力学性能常常很不稳定。

　　降低模锻加热温度虽然可以消除毛坯产生局部过热的危险，但将导致变形抗力急剧提高，增加工具磨损和动力消耗，还必须使用更大功率的设备。

　　锤上模锻时，采用多次轻击方法也能够减轻毛坯局部过热。可是，必须增加加热火次，以补偿毛坯与较冷的模具接触所损失的热量。

　　模锻形状比较简单的锻件，且对变形金属的塑性和持久强度指标要求又不太高时，以采用锤锻为佳。但 β 合金不宜采用锤锻，因模锻过程中的多次加热会对力学性能产生不利影响。与锻锤相比，压力机（液压机等）的工作速度大大降低，能减小合金的变形抗力和变形热效应。在液压机上模锻钛合金时，毛坯的单位模锻力比锤上模锻约低30%，从而可提高模具的寿命。热效应的降低还减小金属过热和温升超过 T_B 的危险。

用压力机模锻时，在单位压力与锻锤模锻相同的条件下，可降低毛坯加热温度 $50 \sim 100℃$。这样，被加热的金属与周围气体的相互作用以及毛坯与模具之间的温差也相应地降低，从而提高变形的均匀性，模锻件的组织均匀性也大大提高，力学性能的一致性也随之提高。降低变形速度，数值增长最明显的是面缩率，面缩率对过热造成的组织缺陷最敏感。

钛合金变形的特点是比钢更难流入深而窄的模槽。这是因为钛的变形抗力高，与工具的摩擦力较大以及毛坯的接触表面冷却太快。为改善钛合金的流动性和提高模具寿命。通常的做法是加大模锻斜度和圆角半径并使用润滑剂：锻模上的毛边桥部高度较钢大，一般大于 2mm 左右。

为了使型槽容易充满，有时可采用桥部尺寸非均匀的毛边槽来限制或加速金属向型槽某部分的流动。例如，一个长方盒形锻件，如图 1.5.1 所示，前后侧壁较薄；左右侧壁较厚。当在盒形件四周采用 B—B 所示的毛边槽时，由于金属流入左右侧壁的阻力小，致使金属向较薄的前后侧壁流动困难，充填不满。若在前后侧壁仍采用 B—B 所示毛边槽，而左右侧壁改用 A—A 所示毛边槽，由于桥部尺寸宽，加之阻尼沟的阻碍，使得前后较薄的侧壁完全充满，而且金属较采用前述毛边槽方式节约。

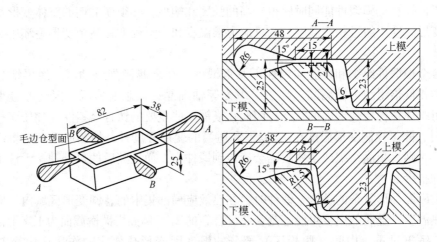

图 1.5.1　采用对称桥部改善金属的流动

提高钛合金流动性、降低变形抗力最有效的办法之一是提高模具的预热温度。国内外近二三十年以来发展起来的等温模锻、热模模锻，为解决大型复杂的钛合金精密锻件的成型提供了可行的方法。这种方法已广泛用于钛合金锻件生产。

当采用闭式模锻方法模锻钛合金时，由于压力大而降低了模具的寿命。因此，闭式模锻必须严格限定原始毛坯的体积，这使备料工序复杂化。是否采用闭式模锻，要从成本和工艺可行性两方面考虑。开式模锻时，毛边损耗占毛坯重量的 15% ~20%，夹持部分的工艺性废料（如果按模锻条件必须留有此部分）占毛坯重量的 10%。毛边金属相对损耗通常是随毛坯重量的减少而增加，某些结构不对称、截面面积差较大以及存在难以充填的部分的锻件，毛边消耗可高达 50%。闭式模锻虽无毛边损耗，但制坯工艺复杂，需要添加较多过渡巨型槽，无疑会增加辅助费用。

（五）钛合金锻造的清理工艺

所有的钛合金锻造加热处理中形成的氧化物锈皮及 α 壳层很脆，并在随后的锻造或在终锻中诱发裂纹或在其后的机械加工过程中造成刀具磨损。因此，最好在连续锻造之间清理掉锈皮及 α 壳层，并且在锻件交付用户前必须去除锈皮及 α 壳层。

钛合金锻件的清理有两个方面：一是氧化皮的清除；二是 α 壳层的清除。锈皮可用机械方法，如喷砂清除；或用化学方法，如溶盐除锈法。除锈方法的选择决定于零件大小、复杂程度及成本。

喷砂是清除锈皮的有效方法，它可以清除 0.13 ~ 0.76mm 厚的锈皮，可用 0.147 ~ 0.104mm（100 ~ 150 目）的锆砂或钢砂，气压可达 275Pa。虽然喷砂对各种尺寸的锻件都可，但多用于中、大型钛合金锻件。喷砂设备可以采用装有磨料的滚筒、喷丸或喷砂装置。喷砂后要酸洗以去除 α 壳层。

溶盐除锈是另一种去除氧化皮的有效方法，且亦随之酸洗去除 α 壳层。图 1.5.2 所示为通常采用溶盐除锈并酸洗的流程图，溶液成分及有关参数见表 1.5.4。溶盐除锈用的架子一般是木制的、钛的或不锈钢的，以防在工件和架子之间产生电势，从而产生对工件的电侵蚀或电弧。溶盐除锈经常用于中、小型锻件，在大批量锻件的情况下，操作系统可完全自动化。

图 1.5.2 钛合金溶盐除锈、中和、酸洗操作流程图

表 1.5.4 溶液成分及有关参数

溶液号	溶液类型	溶 液 成 分	操作温度/℃	时间/min
1	除 锈	60% ~ 90% N_2OH，其余 N_2NO_3 和 Na_2CO_3	425 ~ 510	20 ~ 50
2	中 和	5% ~ 15% HNO_3 溶于水	室 温	2 ~ 5
3	酸 洗	15% ~ 20% HNO_3，1% ~ 7% HF，其余为水	50 ~ 60	2 ~ 5

酸洗用来清除锈皮下的 α 壳层，其工艺如下：

（1）用喷砂或碱盐进行整体清理。

（2）若采用碱清洗则应在清洁的流动水中充分清洗。

（3）在砂酸-氢氟酸水溶液中酸洗 5 ~ 15min。溶液含 15% ~ 40% HNO_3，1% ~ 5% HF，操作温度为 25 ~ 60℃。通常酸含量（尤其对于 α + β 和 β 合金）常取上述酸含量范围的中间值（例如 30% ~ 35% HNO_3，2% ~ 3% HF，或 HNO_3 与 HF 的比例为 10：1 到 15：1）。然而 HNO_3，HF 约为 2：1 的化学溶液可达到 0.025mm/min 的清除效果，而吸氢最少。

采用混合酸时，酸液中钛含量不断增加，从而使酸洗效果减退。通常认为钛含量 12g/L 为最高限度，超过该值应将溶液废弃。可以通过过滤或加入其他有机化学添加剂进行溶液处理，以延长酸洗液的寿命。

（4）在清水中彻底清洗锻件。

（5）用热水清洗以加速干燥，洗毕让其干燥。

在酸洗中对金属进行清除清洗所需的时间主要由 α 壳厚度、酸洗槽操作条件、工艺技术条件和工件吸氢的趋势几个因素决定。酸洗给钛合金过度吸氢提供条件，因此必须细心控制。酸洗中金属清除速率一般是 0.03mm/min 或更多，这一速率强烈地受下列因素的影响，如合金种类、酸的浓度、溶液温度及钛的含量。每个表面金属清除厚度达 0.25 ~ 0.38mm，通常足以清除 α 壳层。但有时可能需要更多或更少的清除量，这取决于合金种类及处理的锻件存在的特定条件。

酸洗中的吸氢取决于特定的酸洗液及浓度温度条件，在酸洗中 α 合金比 α + β 合金吸氢趋势小，而 α + β 合金又比 β 合金在酸洗中吸氢趋势小。酸洗中吸氢趋势随金属清除速率的减小（由于溶液中钛含量增加）而增加；随清洗温度升高（高于 60℃）而增加；以及随工件表面积与体积相对比率的增大而增加。一般来说，在一定溶液浓度及温度下金属清除速率必须超过氢扩散速度。清洗后，如氢含量超过锻件中允许最大的氢含量 140 ~ 170cm³/100g，则需增加真空除氢退火。

零件不需要酸洗的部分，事先应涂上油漆以保护。但需注意，夹持零件的挂架只能与锻件涂有漆层部分接触。

四、铜及铜合金锻造工艺

铜是具有面心立方晶格的金属，没有同素异形转变，因此它在室温和高温下都具有高的塑性，可以进行冷热压力加工。在锻造生产中，铜质零件品种很多，有纯铜及铜合金（普通黄铜和硅黄铜等），有自由锻件和模锻件，有形状简单或形状很复杂的。在长期的实际生产中，存在着许多不同的质量问题，因锻造裂纹导致工件报废的案例不少。

（一）铜合金锻造的铸锭

铜及铜合金铸锭的宏观组织存在三个明显的结晶区域（图 1.5.3）。随着铸锭浇注温度及冷却速度的不同，铸锭中柱状晶区及等细晶区所占的比例是不同的。对于铜及铜合金来说，当其杂质含量较少时，铸锭具有比较发达的柱状晶区，塑性比较好，而且由于柱状晶组织致密，锻成的锻件质量较高。反之，如果杂质含量较多，柱状晶过分发达，则对锻造是不利的。因柱状晶区过分发达，甚至扩展到铸锭的整个截面，这样就会在柱状晶粒的交接处集中许多杂质和低熔点共晶体，该处成为铸锭的"弱面"。"弱面"的存在，易使铸锭锻造时沿"弱面"开裂（图 1.5.4）。大多数铜合金的结晶温度范围较窄，易形成大

图 1.5.3　立浇水冷圆形铜锭的低倍组织　　　　图 1.5.4　黄铜锭锻造时沿纵向"弱面"裂为两半

的集中的缩孔，若冒口设计不合理，缩孔会扩展到铸锭内部，若锻造或挤压时未被切尽，则会在半成品或锻件中留下"残余缩孔"。用普通方法浇注的铸锭，易产生这种缺陷。半连续浇注的铸锭没有形成这种缺陷的危险，因为铸锭的结晶条件好、铸锭很长，缩孔不可能留在铸锭上。

铸锭作为大型锻件的坯料，在锻造前要进行均匀化退火，以改善塑性。铸锭表面若有裂纹、气泡、夹渣、结疤等缺陷应磨干净，或表面经车削（扒皮）后再进行锻造。用于自由锻造的铜合金铸锭，对冶金质量应有更高的要求，有害杂质的含量必须控制在很小的范围内（例如铅含量应不超过 0.01%）。否则，自由锻时由于拉应力的作用，容易在低熔点杂质聚集的地方产生裂纹。铜合金铸锭若作为模锻毛坯，经适当的制坯后可直接进行模锻，而不必像铝、镁合金那样，要经过自由锻反复镦拔后才能用于模锻。因为铜合金的组织不像铝、镁合金那样复杂，塑性也较高。

（二）铜合金热变形温度

铜合金热变形温度如表 1.5.5 所示。

表 1.5.5　铜合金热变形温度

合　金	温度/℃		合　金	温度/℃	
	锻造、模锻	挤　压		锻造、模锻	挤　压
铜			黄　铜		
T2，T3，T4	800 ~ 950	775 ~ 925	HPb59-1	640 ~ 780	640 ~ 780
黄　铜			青　铜		
H96	700 ~ 850	830 ~ 880	QAl5	750 ~ 900	830 ~ 880
H90	800 ~ 900	820 ~ 900	QAl7	760 ~ 900	850 ~ 900
H80，H85，H70	—	820 ~ 870	QAl9-2	800 ~ 960	750 ~ 850
H68	700 ~ 850	750 ~ 830	QAl9-4	750 ~ 900	750 ~ 850
H62	700 ~ 850	650 ~ 850	QAl10-3-1.5	750 ~ 900	700 ~ 850
HAl77-2	—	700 ~ 830	QAl10-4-4	800 ~ 900	830 ~ 880
HAl60-1-1	—	700 ~ 750	QBe2	650 ~ 800	720 ~ 660
HAl59-3-2	700 ~ 750	700 ~ 750	QBe2.5	720 ~ 800	720 ~ 660
HNi65-5	650 ~ 850	750 ~ 850	QSi3-1	600 ~ 780	825 ~ 875
HFe59-1-1	650 ~ 820	650 ~ 750	QSi1-3	800 ~ 910	850 ~ 900
HMn58-2	600 ~ 750	625 ~ 700	QSn4-0.25	800 ~ 920	750 ~ 800
HMn57-3-1	600 ~ 730	625 ~ 700	QSn6.5-0.4	800 ~ 920	680 ~ 770
HSn90-1	850 ~ 900	850 ~ 900	QCr0.5	800 ~ 920	—
HSn70-1	650 ~ 750	650 ~ 750	BZn15-20	800 ~ 920	750 ~ 825
HSn62-1	680 ~ 750	700 ~ 750	BFe28-2.5-1.5	800 ~ 920	850 ~ 950
HSn60-1	700 ~ 820	780 ~ 820			

任务实施

一、锻造工艺

锻造工艺举例：锻件材料为 7075 合金，锻件重量 0.382kg；毛料规格 ϕ45mm × 150mm，毛料重量 0.65kg。锻件模锻斜度为外 7°，内 10°，垂直尺寸公差 + 1.2；– 0.7mm，残余毛边每边允许至 1.8mm。Ⅲ类件，按 *A-A* 取低倍。

工艺过程如下：

（1）下料。采用砂轮切割机下料，车端面，倒圆角 *R*5。

（2）加热。采用电炉加热，炉温（450 ± 10）℃，加热保温时间 136min。

（3）模锻。模锻设备为 6300kN 摩擦压力机，首先在锻模的镦粗台上将坯料压扁至 *H* = 24mm，再在型槽内平放料进行模锻，并压 2 ~ 3mm。

（4）加热。炉温（450 ± 10）℃，加热保温时间为 30min（第二火）。

（5）模锻。压至尺寸。

（6）加热。炉温（450 ± 10）℃，加热保温时间为 10 ~ 15min。

（7）热切边。

（8）酸洗。按酸洗通用工艺规程进行。

（9）热处理。按热处理工艺规程进行淬火、人工时效。

（10）锻件修伤。

（11）锻件检验。100% 检查材料牌号、外形及表面质量；100% 检查硬度（≥40HBS）；低倍检查。

二、纯铜的锻造工艺

以下为某企业纯铜的锻造工艺缺陷及改进措施举例：在过去的纯铜锻造生产中，曾因锻造裂纹导致大量工件报废。

1. 原始情况

工件是材质为 T2 的圆环类自由锻件，有 300 多种，外径 ϕ400 ~ 2265mm，内径 ϕ300 ~ 2100mm，厚度 20 ~ 125mm。工艺采用铜锭锻拔长条后，弯圈焊接成型。使用设备为燃油加热炉、7.5kN 空气锤和圆弯机。锻造温度为 650 ~ 900℃，实际锻造温度凭经验判断。

2. 质量情况

铜锭在 7.5kN 锤上拔长时，锻 3 ~ 5 锤时，坯料表面开裂，纵向、横向裂纹都有，但多数为横裂。

3. 质量分析

（1）化学成分分析。锻件因裂纹报废共 10 余吨，每批次都取样检测了化学成分，共取样 11 次。化学成分（质量分数）中 Pb 的平均含量超标 0.021%、Bi 的平均含量超标 0.0128%、Sb 的平均含量超标 0.0007%，杂质含量均严重超标。

（2）金相分析。

1）少量非金属夹杂物分散分布，颗粒细小。

2）金相组织为 α-晶粒，大小不均匀，其平均直径 $d = 0.1mm$，晶粒度相当于 11～12 级。

（3）铜锭剥皮后锻造发现仍有裂纹出现。

（4）分析与结论。

1）导致环在锻造时产生裂纹的主要原因是杂质元素（Bi、Pb、Sb 等）超标。Bi、Pb、Sb 等含量大大超过标准，这对铜的导电性和塑性都有影响，尤其是过量的 Pb 和 Bi 在铜中的溶解度很小，它们与铜形成 Cu-Pb 和 Cu-Bi 低熔点的共晶体（熔点相应为 327℃ 和 270℃），呈网状分布于固溶体的晶界上，削弱了晶粒之间的联系，导致塑性骤然降低而开裂。

2）次要原因是始锻温度控制不严和变形量过大。因为锻造温度是靠操作者凭经验看金属颜色来判断，实际锻造温度很难把握。始锻温度过高时，低熔点共晶体熔化使铜质锻件易于开裂，造成"热脆性"。

3）在始锻时，变形量大，由于热效应，温度的增高也可使低熔点共晶体熔化，破坏晶粒间的结合，导致开裂。

4. 改进措施

（1）铜锭改为圆铜棒，加强原材料检查，材料的化学成分必须符合 GB 5231—2001 的规定。

（2）锻造温度确定为 650～850℃，锻造温度的测量使用远红外线测温仪。

（3）采用电炉加热。

（4）始锻时，变形程度控制在 10%～15%。

（5）锤击应轻快，翻转自如以免热量散失。

5. 效果

改进工艺及材料后的锻造生产中，基本消除了锻造裂纹，质量明显提高，合格率达 95% 以上。

任务总结

铝合金锻造的相关工艺要求及规范制定。镁合金的锻造工艺、钛合金的锻造工艺、铜合金的锻造工艺，结合实际生产确定一种典型合金产品的工艺规范。

任务评价

学习任务名称			纯铜的锻造工艺		
开始时间	结束时间		学生签字		
			教师签字		
项　目	技术要求			分　值	得　分
任务要求	（1）方法得当 （2）操作规范 （3）正确使用工具与设备 （4）团队合作				
任务实施报告单	（1）书写规范整齐，内容详实具体 （2）实训结果和数据记录准确、全面，并能正确分析 （3）回答问题正确、完整 （4）团队精神考核				

思考与练习题

1. 铝合金锻造的两种基本方法是什么?
2. 结合实际生产指出一种典型产品的工艺规范。
3. 镁合金的锻造工艺有何特点?
4. 钛合金的锻造工艺有何特点?
5. 铜合金的锻造工艺有何特点?

冲压技术

任务一 金属冲压成型的基本知识和基本理论

> **能力目标：** 掌握冲压工艺特点，领会变形理论分析方法。
>
> **知识目标：** 掌握冲压成型基本知识和基本理论及工艺特点，了解应力图示及变形图示种类，分析冲压应力状态，掌握各种冲压方法的力学特点。

任务描述

本任务是对有金属冲压成型的理论进行阐述，领会变形理论分析方法。了解应力图示及变形图示种类、分析冲压应力状态、掌握各种冲压方法的力学特点。

相关资讯

一、冲压成型及特点

（一）冲压加工

冲压加工是借助于常规或专用冲压设备的动力，使板料在模具里直接受到变形力并进行变形，从而获得一定形状、尺寸和性能的产品零件的生产技术。板料、模具和设备是冲压加工的三要素。冲压加工是一种金属冷变形加工方法，所以被称为冷冲压或板料冲压，简称冲压。它是金属塑性加工（或压力加工）的主要方法之一。

冲压所使用的模具称为冲压模具，简称冲模。冲模是将材料（金属或非金属）批量加工成所需冲件的专用工具。冲模在冲压中至关重要，没有符合要求的冲模，批量冲压生产就难以进行；没有先进的冲模，先进的冲压工艺就无法实现。冲压工艺与模具、冲压设备和冲压材料构成冲压加工的重要要素，只有它们相互结合才能生产出冲压件，如图 2.1.1 所示。

（二）冲压成型特点

与机械加工及塑性加工的其他方法相比，冲压加工无论在技术方面还是经济方面都具有许多独特的优点。主要表现如下：

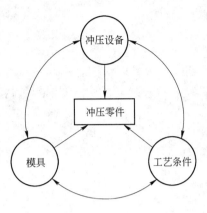

图 2.1.1　冲压加工的要素

（1）冲压加工的生产效率高，且操作方便，易于实现机械化与自动化。这是因为冲压是依靠冲模和冲压设备来完成加工，普通压力机的行程次数为每分钟可达几十次，高速压力每分钟可达数百次甚至千次以上，而且每次冲压行程就可能得到一个冲件。

（2）冲压时由于模具保证了冲压件的尺寸与形状精度，且一般不破坏冲压件的表面质量，而模具的寿命一般较长，所以冲压的质量稳定，互换性好，具有"一模一样"的特征。

（3）冲压可加工出尺寸范围较大、形状较复杂的零件，如小到钟表的秒表，大到汽车纵梁、覆盖件等，加上冲压时材料的冷变形硬化效应，冲压的强度和刚度均较高。

（4）冲压一般没有切屑碎料生成，材料的消耗较少，且不需其他加热设备，因而是一种省料、节能的加工方法，冲压件的成本较低。

由于冲压具有如此优越性，冲压加工在国民经济各个领域应用范围相当广泛。例如，在宇航、航空、军工、机械、农机、电子、信息、铁道、邮电、交通、化工、医疗器具、日用电器及轻工等部门都有冲压加工。不但整个产业界都用到它，而且每个人都直接与冲压产品发生联系。像飞机、火车、汽车、拖拉机上就有许多大、中、小型冲压件。小轿车的车身、车架及车圈等零部件都是冲压加工出来的。据有关调查统计，自行车、缝纫机、手表里有80%是冲压件；电视机、收录机、摄像机里有90%是冲压件；还有食品金属罐壳、锅炉、搪瓷盆碗及不锈钢餐具都是使用模具的冲压加工产品；即使电脑的硬件中也缺少不了冲压件。

但是，冲压加工所使用的模具一般具有专用性，有时一个复杂零件需要数套模具才能加工成型，且模具制造的精度高，技术要求高，是技术密集型产品。所以，只有在冲压件生产批量较大的情况下，冲压加工的优点才能充分体现，从而获得较好的经济效益。

当然，冲压加工也存在着一些问题和缺点，主要表现在冲压加工时产生的噪声和振动，而且操作者的安全事故也时有发生。不过，这些问题并不完全是由于冲压加工工艺及模具本身带来的，而主要是由于传统的冲压设备及落后的手工操作造成的。随着科学技术的进步，特别是计算机技术的发展，随着机电一体化技术的进步，这些问题一定会尽快得到解决。

（三）冲压成型示意图

冲压成型示意图，如图 2.1.2 所示。

（四）冲压工序术语

（1）切开：是将材料沿敞开轮廓局部而不是

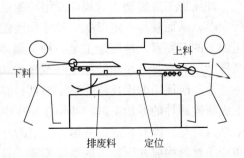

图 2.1.2　冲压成型示意图

完全分离的一种冲压工序，被切开而分离的材料位于或基本位于分离前所处的平面上。

（2）切舌：是将材料沿敞开轮廓局部而不是完全分离的一种冲压工序，被局部分离的材料，具有工件所要求的一定位置，不再位于分离前所处的平面上。

（3）切断：是将材料沿敞开轮廓分离的一种冲压工序，被分离的材料成为工件或工序件。

（4）反拉深：是把空心工序件内壁外翻的一种拉深工序。

（5）扩口：是将空心件或管状件敞开处向外扩张的一种冲压工序。

（6）冲孔：是将废料沿封闭轮廓从材料或工序件上分离的一种冲压工序，在材料或工序件上获得需要的孔。

（7）冲缺：是将废料沿敞开轮廓从材料或工序件上分离的一种冲压工序，敞开轮廓形成缺口，其深度不超过宽度。

（8）冲裁：是利用冲模使部分材料或工序件与另一部分材料、工（序）件或废料分离的一种冲压工序。冲裁是切断、落料、冲孔、冲缺、冲槽、剖切、凿切、切边、切舌、切开、整修等分离工序的总称。

（9）冲槽：是将废料沿敞开轮廓从材料或工序件上分离的一种冲压工序，敞开轮廓成槽形，其深度超过宽度。

（10）冲中心孔：是在工序件表面形成浅凹中心孔的一种冲压工序，背面材料并无相应凸起。

（11）压凸：是用凸模挤入工序件一面，迫使材料流入对面凹坑以形成凸起的一种冲压工序。

（12）压花：是强行局部排挤材料，在工序件表面形成浅凹花纹、图案、文字或符号的一种冲压工序。被压花表面的背面并无对应与浅凹的凸起。

（13）压筋：是起伏成型的一种。当局部起伏以筋形式出现时，相应的起伏成型工序称为压筋。

（14）成型：是依靠材料流动而不依靠材料分离使工序件改变形状和尺寸的冲压工序的统称。

（15）光洁冲裁：是不经整修直接获得整个断面全部或基本全部光洁的冲裁工序。

（16）扭弯：是将平直或局部平直工序件的一部分相对另一部分扭转一定角度的冲压工序。

（17）连续拉深：是在条料（卷料）上，用同一副模具（连续拉深模）通过多次拉深逐步形成所需形状和尺寸的一种冲压方法。

（18）卷边：是将工序件边缘卷成接近封闭圆形的一种冲压工序。卷边圆形的轴线呈直线形。

（19）卷缘：是将空心件上口边缘卷成接近封闭圆形的一种冲压工序。

（20）拉延：是把平直毛料或工序件变为曲面形的一种冲压工序，曲面主要依靠位于凸模底部材料的延伸形成。

（21）拉弯：是在拉力与弯矩共同作用下实现弯曲变形，使整个弯曲横断面全部受拉深应力的一种冲压工序。

（22）拉深：是把平直毛料或工序件变为空心件，或者把空心件进一步改变形状和尺寸的一种冲压工序。拉深时空心件主要依靠位于凸模底部以外的材料流入凹模而形成。

（23）变薄拉深：是把空心工序件进一步改变形状和尺寸，有目的地把侧壁减薄的一种拉深工序。

（24）胀形：是将空心件或管状件沿径向往外扩张的一种冲压工序。

（25）校平：是提高局部或整体平面型零件平直度的一种冲压工序。

（26）弯曲：是利用压力使材料产生塑性变形，从而被完成有一定曲率、一定角度的形状的一种冲压工序。

（27）起伏成型：是依靠材料的延伸使工序件形成局部凹陷或凸起的冲压工序。起伏成形中材料厚度的改变为非意图性的，即厚度的少量改变是变形过程中自然形成的，不是设计指定的要求。

（28）差温拉深：是利用加热、冷却手段，使待变形部分材料的温度远高于已变形部分材料的温度，从而提高变形程度的一种拉深工序。

（29）深孔冲裁：是孔径等于或小于被冲材料厚度时的冲孔工序。

（30）液压拉深：是利用盛在刚性或柔性容器内的液体，代替凸模或凹模以形成空心件的一种拉深工序。

（31）凿切：是利用尖刀的凿切模进行的落料或冲孔工序。凿切并无下模，垫在材料下面的只是平板，被冲材料绝大多数是非金属。

（32）落料：是将材料沿封闭轮廓分离的一种冲压工序，被分离的材料成为工件或工序件，大多数是平面形的。

（33）精冲：是光洁冲裁的一种，它利用带齿压料板的精冲模使冲件整个断面全部或基本全部光洁。

（34）缩口：是将空心件或管状件敞口处加压使其缩小的一种冲压工序。

（35）整形：是依靠材料流动，少量改变工序件形状和尺寸，以保证工件精度的一种冲压工序。

（36）整修：是沿外形或内形轮廓切去少量材料，从而提高边缘光洁度和垂直度的一种冲压工序。整修工序一般也同时提高尺寸精度。

（37）翻孔：是沿内孔周围将材料翻成侧立凸缘的一种冲压工序。

（38）翻边：是沿外形曲线将材料翻成侧立短边的一种冲压工序。

二、冲压成型的基本理论

（一）金属塑性变形

在外力的作用下，金属产生形状和尺寸变化为变形，变形分为弹性变形与塑性变形。塑性变形是外力破坏原子间原有的平衡状态，造成排列的畸变，引起金属形状和尺寸的变化，外力去除后变形不会消失。

（二）塑性变形的基本方式

塑性变形的基本方式有滑移、孪生。多晶体的塑性变形（变形后形成纤维组织、变形织构），如图2.1.3和图2.1.4所示。

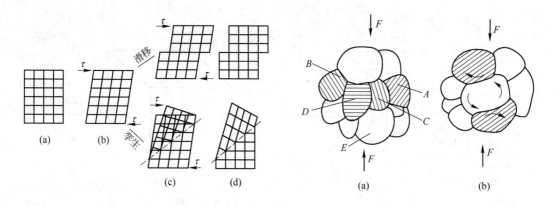

图 2.1.3　滑移和孪生　　　　　　　图 2.1.4　多晶体塑性变形

滑移是在切应力作用下，晶体的一部分相对于另一部分沿着一定的晶面（滑移面）和晶向（滑移方向）产生相对位移，且不破坏晶体内部原子排列规律性的塑变方式。

孪生是在切应力作用下，晶体的一部分相对于另一部分沿一定的晶面和晶向发生均匀切变并形成晶体取向的镜面对称关系。

（三）塑性

塑性是指固体材料在外力作用下发生永久变形而不破坏其完整性的能力。材料的塑性是塑性加工的依据，冲压成型时总希望被冲压的材料具有良好的塑性。

（四）影响塑性变形的主要因素

影响金属材料塑性变形的因素有两方面：一是金属材料本身（金属的成分和组织结构）；二是外部条件（如变形温度）。

（五）塑性变形的力学基础

（1）点的应力与应变状态。

金属冲压成型时，外力通过模具作用在坯料上，使其内部产生应力，并且发生塑性变形。一定的力作用方式和大小都对应着一定的变形，受力不同，变形就不同。由于坯料变形区内各点的受力和变形情况不同，为了全面、完整地描述变形区内各点的受力情况，引入点的应力状态的概念。某点的应力状态，通常是围绕该点取出一个微小（正）六面体（即所谓单元体），用该单元体上三个相互垂直面上的应力来表示。一般可沿坐标方向将这些应力分解成 9 个应力分量，即 3 个正应力和 6 个剪应力，如图 2.1.5（a）所示。由于单元体处于静平衡状态，根据剪应力互等定理（$\tau_{xy} = \tau_{yx}$，$\tau_{xz} = \tau_{zx}$，$\tau_{yz} = \tau_{zy}$），实际上只需要知道 6 个应力分量，即 3 个正应力和 3 个剪应力，就可以确定该点的应力状态。一般将内力的强度称为应力，用 σ 表示；微小六面体的变形称为应变，用 ε 表示；点的应力状态是空间一点无论受多少个力，都可简化为 9 个应力分量。在静力平衡时，根据剪应力互等定理，可简化为 6 个应力分量，其中剪应力为零的平面称为主平面；主平面上的应力称为主应力。

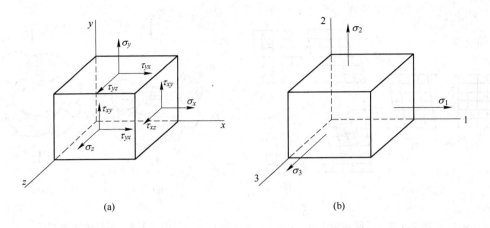

图 2.1.5　点的应力状态

(a) 任意坐标系；(b) 主轴坐标系

　　对于任何一种应力状态，总是存在这样一组坐标系，使得单元体各表面只有正应力而无剪应力，如图 2.1.5(b) 所示，这样应力状态的表示将大大简化。我们称剪应力为零的平面为主平面，与主平面垂直的各条轴线称为主轴，作用在主平面上的正应力称为主应力（一般用 σ_1、σ_2、σ_3 表示），以主应力表示的应力状态，称为主应力状态，表示主应力有无与方向的图形，称为主应力状态图。塑性变形过程中，可能出现的主应力状态图共有 9 种，如图 2.1.6 所示。

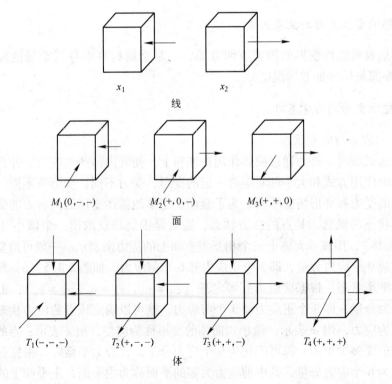

图 2.1.6　应力图示

　　变形体内存在应力必然产生应变。通常用应变状态来描述点的变形情况，点的应变状态与点的应力状态类似。应变也有正应变和剪应变之分，当采用主轴坐标系时，单元体上也只有三个主应变分量 ε_1、ε_2、ε_3。

　　金属材料在塑性变形时，体积变化很小，可以忽略不计。因此，一般认为金属材料在塑性变形时体积不变，可证明满足 $\varepsilon_1 + \varepsilon_2 + \varepsilon_3 = 0$，由此可见塑性变形时，三个主应变分量不可能全部同号，只可能有三向和二向应变状态，不可能有单向应变状态。其主应变状态图只有三种，如图 2.1.7 所示。

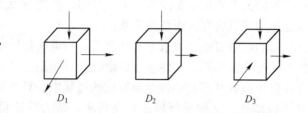

图 2.1.7　三种变形图示

　　（2）体积不变定律。

$$\varepsilon_1 + \varepsilon_2 + \varepsilon_3 = 0 \tag{2.1.1}$$

　　该式说明：金属塑性变形前后，只有形状的变化，而无体积的变化。

　　三个推论：

　　1）塑性变形时，只有形状的变化，而无体积的变化；

　　2）不论什么应变状态，其中一个主应变的符号与另外两个主应变的符号相反；

　　3）已知两个应变就可求第三个应变。

　　（六）金属的屈服条件

　　众所周知，在材料单向拉伸中，由于质点处于单向应力状态，只要单向拉伸应力达到材料的屈服极限，该质点进行屈服，进入塑性状态。在多向应力状态时，显然就不能仅仅用某一应力分量来判断质点是否进入塑性状态，必须同时考虑其他应力分量。研究表明，只有当各应力分量之间符合一定的关系时，质点才进入塑性状态。这种关系称为屈服条件，或屈服准则，也称塑性条件或塑性方程。

　　满足屈服条件表明材料处于塑性状态。材料要进行塑性变形，必须始终满足屈服条件。对于应变硬化材料，材料要由弹性变形转为塑性变形，必须满足的屈服条件称为初始屈服条件；而塑性变形要继续发展，必须满足的屈服条件则称为后继屈服条件。在一般应力状态下，塑性变形过程的发生、发展，实质上可以理解为一系列的弹性极限状态的突破——初始屈服和后继屈服。材料是否屈服和进入塑性状态，主要取决于两方面的因素：

　　（1）在一定的变形条件（变形温度和变形速度）下材料的物理机械性质——转变的根据。

　　（2）材料所处的应力状态——转变的条件。

　　目前，在工程上常用的屈服条件可表示如下：

$$\sigma_1 - \sigma_3 = \beta\sigma_s \qquad\qquad (2.1.2)$$

式中　σ_1、σ_3、σ_s——最大主应力、最小主应力和屈服应力；

　　　　β——应力状态系数，其值在 $1 \sim 1.155$ 之间。

当 $\sigma_2 = (\sigma_1 + \sigma_3)/2$ 时，$\beta = 1.155$；当 $\sigma_2 = \sigma_1$ 或 $\sigma_2 = \sigma_3$ 时，$\beta = 1$。一般近似取 1.1。

（七）金属塑性变形时的应力应变关系

弹性变形阶段，应力与应变之间的关系是线性的、可逆的，与加载历史无关；而塑性变形阶段，应力与应变之间的关系则是非线性的、不可逆的，与加载历史有关。应变不仅与应力大小有关，而且还与加载历史有着密切的关系。

目前，通常的塑性变形的应力与应变关系主要有两类：一类简称增量理论，它着眼于每一加载瞬间，认为应力状态确定的不是塑性应变分量的全量而是它的瞬时增量；另一类简称全量理论，它认为在简单加载（即在塑性变形发展的过程中，只加载，不卸载，各应力分量一直按同一比例系数增长，又称比例加载）条件下，应力状态可确定塑性应变分量。为了便于理解和比较，在此仅介绍全量理论。

全量理论认为在简单加载条件下，塑性变形的每一瞬间，主应力差与主应变差成比例

$$\frac{\sigma_1 - \sigma_2}{\varepsilon_1 - \varepsilon_2} = \frac{\sigma_2 - \sigma_3}{\varepsilon_2 - \varepsilon_3} = \frac{\sigma_3 - \sigma_1}{\varepsilon_3 - \varepsilon_1} = \psi \qquad\qquad (2.1.3)$$

式中　σ_1、σ_2、σ_3——主应力；

　　　　ε_1、ε_2、ε_3——主应变；

　　　　ψ——非负比例系数，是一个与材料性质和变形程度有关的函数，而与变形体所处的应力状态无关。

了解塑性变形时应力应变关系有助于分析冲压成型时板材的应力与应变。通过对塑性变形时应力应变关系的分析，可得出以下结论：

（1）应力分量与应变分量符号不一定一致，即拉应力不一定对应拉应变，压应力不一定对应压应变；

（2）某方向应力为零，其应变不一定为零；

（3）在任何一种应力状态下，应力分量的大小与应变分量的大小次序是相对应的，即 $\sigma_1 > \sigma_2 > \sigma_3$，则有 $\varepsilon_1 > \varepsilon_2 > \varepsilon_3$；

（4）若有两个应力分量相等，则对应的应变分量也相等，即若 $\sigma_1 = \sigma_2$，则有 $\varepsilon_1 = \varepsilon_2$。

三、各种冲压成型方法的力学特点与分类

正确的板料冲压成型工艺的分类方法，应该能够明确地反映出每一种类型成型工艺的共性，并在此基础上提供可能用共同的观点和方法分析、研究和解决每一类成型工艺中的各种实际问题。在各种冲压成型工艺中毛坯变形区的应力状态和变形特点是制订工艺过程、设计模具和确定极限变形参数的主要依据，所以只有能够充分地反映出变形毛坯的受力与变形特点的分类方法，才可能真正具有实用的意义。

（一）变形毛坯的分区

在冲压成型时，可以把变形毛坯分成变形区和不变形区。不变形区可能是已经经历过

变形的已变形区或是尚未参与变形的待变形区，也可能是在全部冲压过程中都不参与变形的不变形区。当不变形区受力的作用时，叫做传力区。

拉深、翻孔与缩口时毛坯的变形区与不变形区的分布情况，如图2.1.8所示。

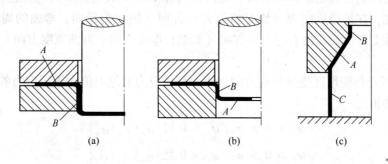

图2.1.8　冲压变形毛坯各区划分图
（a）拉深；（b）翻孔；（c）缩口

（二）变形区的应力与应变特点

从本质上看，各种冲压成型过程就是毛坯变形区在力的作用下产生变形的过程，所以毛坯变形区的受力情况和变形特点是决定各种冲压变形性质的主要依据。绝大多数冲压变形都是平面应力状态。一般在板料表面上不受力或受数值不大的力，所以可以认为在板厚方向上的应力数值为零。使毛坯变形区产生塑性变形均是在板料平面内相互垂直的两个主应力。除弯曲变形外，大多数情况下都可认为这两个主应力在厚度方向上的数值是不变的。因此，可以把所有冲压变形方式按毛坯变形区的受力情况和变形特点从变形力学理论的角度归纳为以下四种情况，并分别研究它们的变形特点，如图2.1.9所示。

（1）冲压毛坯两向受拉应力的作用可以分为以下两种情况：

$$\sigma_r > \sigma_\theta > 0，且\sigma_t = 0$$
$$\sigma_\theta > \sigma_r > 0，且\sigma_t = 0$$

相对应的变形是平板毛坯的局部胀形、内孔翻边、空心毛坯胀形等（图2.1.9的第一象限）。这时由应力应变关系的全量理论可知，最大拉应力方向上的变形一定是伸长变形，应力为零的方向（一般为料厚方向）上的变形一定是压缩变形。因此，可以判断在两向拉应力作用下的变形，会产生材料变薄。在两个拉应力相等（双向等拉应力状态）时，厚度方向上的压缩变形是伸长变形的两倍，平板材料胀形时的中心部位就属于这种变形状况。

（2）冲压毛坯变形区受两向压应力的作用可以分为以下两种情况：

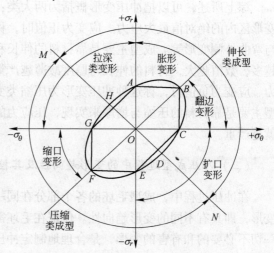

图2.1.9　冲压应力图

$$\sigma_r < \sigma_\theta < 0, \text{ 且 } \sigma_t = 0$$

$$\sigma_\theta < \sigma_r < 0, \text{ 且 } \sigma_t = 0$$

与此相对应的变形是缩口和窄板弯曲内区（图 2.1.9 第三象限）。由应力应变关系的全量理论可知，在最小压应力（绝对值最大）方向（缩口的径向、弯曲的周向）上的变形一定是压缩变形，而在没有应力的方向（如缩口厚度方向、弯曲宽度方向）的变形一定是伸长变形。

（3）冲压毛坯变形区受异号应力的作用，且拉应力的绝对值大于压应力的绝对值可以分为以下两种情况：

$$\sigma_r > 0 > \sigma_\theta, \ \sigma_t = 0 \text{ 且 } |\sigma_r| > |\sigma_\theta|$$

$$\sigma_\theta > 0 > \sigma_r, \ \sigma_t = 0 \text{ 且 } |\sigma_\theta| > |\sigma_r|$$

相对应的是无压边拉深凸缘的偏内位置、扩口、弯曲外区等，在冲压应力图中（图 2.1.9）处于第二象限、第四象限的 AOH 及 COD 范围内。同理可知，在拉应力（绝对值大）的方向上的变形一定是伸长变形，且为最大变形，而在压应力的方向（如拉深的周向、弯曲的径向）的变形一定是压缩变形，而无应力的方向（如拉深的厚度方向、弯曲的宽度方向）也是压缩变形。

（4）冲压毛坯变形区受异号应力的作用，而且压应力的绝对值大于拉应力的绝对值可以分为以下两种情况：

$$\sigma_r > 0 > \sigma_\theta, \ \sigma_t = 0 \text{ 且 } |\sigma_\theta| > |\sigma_r|$$

$$\sigma_\theta > 0 > \sigma_r, \ \sigma_t = 0 \text{ 且 } |\sigma_r| > |\sigma_\theta|$$

与其相对应的是无压边拉深凸缘的偏外位置等，在冲压应力图中（图 2.1.9）处于第二象限、第四象限的 HOG 及 DOE 范围内。同理，在压应力方向（如拉深外区周向，应力的绝对值大）的变形一定是压缩变形，且为最大变形，在拉应力方向为伸长变形，无应力方向（厚向）也为伸长变形（增厚）。

综上所述，可以把冲压变形概括为两大类：伸长类变形与压缩类变形。当作用于毛坯变形区内的绝对值最大应力、应变为正值时，称这种冲压变形为伸长类变形，如胀形翻孔与弯曲外侧变形等。成型主要是靠材料的伸长和厚度的减薄来实现。这时，拉应力的成分越多，数值越大，材料的伸长与厚度减薄越严重。当作用于毛坯变形区内的绝对值最大应力、应变为负值时，称这种冲压变形为压缩类变形，如拉深较外区和弯曲内侧变形等。成型主要是靠材料的压缩与增厚来实现，压应力的成分越多，数值越大，板料的缩短与增厚就越严重。

（三）冲压成型过程中的变形趋向性及其控制

在冲压过程中，成型毛坯的各个部分在同一个模具的作用下，有可能发生不同形式的变形，即具有不同的变形趋向性。保证在毛坯需要变形的部位产生需要的变形，排除其他一切不必要的和有害的变形，是合理地制定冲压工艺及合理地设计模具的目的。可见，对各种冲压成型工艺所进行的变形趋向性及其控制的研究，可以作为确定成型方式的各种工艺参数、制定工艺过程、设计冲模和分析冲压过程中出现的某些产品质量问题的依据，所以它是个十分重要的问题之一。

1. 冲压变形的趋向性

（1）冲压毛坯的多个部位都有变形的可能时，变形在阻力最小的部位进行。

下面以缩口为例加以分析（图 2.1.10）。稳定缩口时坯料可分为图示的三个区域。在外力作用下，A、B 两区都有可能发生变形，A 区可能会发生缩口塑性变形；B 区可能会发生镦粗变形，但是由于它们可能产生的塑性变形的方式不同，而且也由于变形区和传力区之间的尺寸关系不同，总是有一个区需要比较小的塑性变形力，并首先进入塑性状态产生塑性变形，因此可以认为这个区是个相对的弱区。为

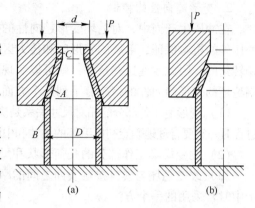

图 2.1.10　变形趋向性对冲压工艺的影响
A—变形区；B—传力区；C—已变形区

了保证冲压过程的顺利进行，必须保证在该道冲压工序应该变形的部分——变形区成为弱区，以便在把塑性变形局限于变形区的同时，排除传力区产生任何不必要的塑性变形的可能。

"弱区必先变形，变形区应为弱区"的结论，在冲压生产中具有很重要的实用意义，例如有些冲压工艺的极限变形参数（拉深系数、缩口系数等）的确定，复杂形状零件的冲压工艺过程设计等，都是以这个结论作为分析和计算的依据。

下面仍以缩口为例来说明这个结论。在图 2.1.10 所示的缩口过程中，变形区 A 和传力区 B 的交界面上作用有数值相等的压应力 s，传力区 B 产生塑性变形的方式是镦粗，其变形所需要的压应力为 s_s，所以传力区不产生镦粗变形的条件是

$$s < s_s \tag{2.1.4}$$

变形区 A 产生的塑性变形方式为切向收缩的缩口，所需要的轴向压应力为 s_k，所以变形区产生缩口变形的条件是

$$s \geqslant s_k \tag{2.1.5}$$

由上面两式可以得出，在保证传力区不产生塑性变形情况下能够进行缩口的条件为

$$s_k < s_s \tag{2.1.6}$$

因为 s_k 的数值决定于缩口系数 d/D，所以式（2.1.6）就成为确定极限缩口系数的依据。极限拉深系数的确定方法，也与此相类似。

（2）当变形区有两个以上的变形方式时，需要最小变形力的变形方式首先实现。

在工艺过程设计和模具设计时，除要保证变形区为弱区外，同时还要保证变形区必须实现的变形方式所要求的最小变形力。例如在缩口时，变形区 A 可能产生的塑性变形是切向收缩的缩口变形和变形区在切向压应力作用下的失稳起皱；传力区 B 可能产生的塑性变形是直筒部分的镦粗和失稳，这时为了使缩口成型工艺能够正常地进行，就要求在传力区不产生上述两种之一的任何变形的同时，变形区也不要发生失稳起皱，而仅仅产生所要求的切向收缩的缩口变形。在这四种变形趋向中，只能实现缩口变形的必要条件是与其他所有变形方式相比，缩口变形所需的变形力最小。

2. 变形趋向性的控制

在冲压生产当中，对毛坯变形趋向性的控制，是保证冲压过程顺利进行和获得高质量冲压件的根本保证，毛坯的变形区和传力区并不是固定不变，而是在一定的条件下可以互相转化的。因此改变这些条件，就可以实现对变形趋向性的控制。在实际生产中，用来控制毛坯的变形趋向性的措施有下列几个方面：

（1）变形毛坯各部分的相对尺寸关系是决定变形趋向性的最重要的因素，所以在设计工艺过程时一定要合理地确定初始毛坯的尺寸和中间毛坯的尺寸，保证变形的趋向符合工艺的要求。

（2）改变模具工作部分的几何形状和尺寸也能对毛坯变形的趋向性进行控制。

（3）改变毛坯与模具接触表面之间的摩擦阻力，借以控制毛坯变形的趋向，这也是生产中时常采用的一个方法。

（4）采用局部加热或局部深冷的办法，降低变形区的变形抗力或提高传力区的强度，都能达到控制变形趋向性的目的，可使一次成型的极限变形程度加大，提高生产效率。例如，在拉深和缩口时采用局部加热变形区的工艺方法，就是基于这个道理。

任务实施

板材成型性能的试验方法

常用的试验方法有间接试验和直接试验两大类。

1. 间接试验

主要的方法有：拉伸试验、剪切试验、硬度试验、金相微观检查等。其中拉伸试验是测定板材力学性能简单而最常用的方法（图 2.1.11）。

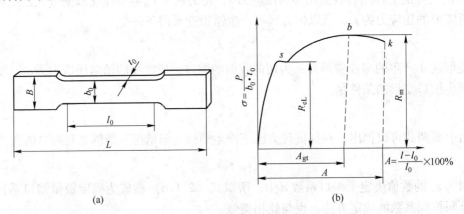

图 2.1.11　拉伸实验试样及拉伸曲线

（a）拉伸实验用试样；（b）拉伸曲线

由拉伸试验得到的各种力学性能指标有屈服点或屈服强度、抗拉强度、伸长率（%）、弹性模量 E、加工硬化指数 n、均匀伸长率（%）、垂直各向异性系数或塑性应变比（r 值）以及这些试验值在板面内的各向异性值（Δr 值）。

2. 直接试验

杯突试验（图 2.1.12）、拉深性能试验、拉深力对比试验（TZP 法）、锥形件拉深试验、弯曲试验、楔形拉伸试验和扩孔试验等。

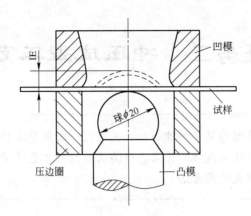

图 2.1.12 杯突实验

任务总结

冲压技术得到广泛使用。在全世界的钢材中，有 60% ~70% 是板材，其中大部分是冲压制成。汽车的车身、底盘、油箱、散热器片，锅炉的汽包、容器的壳体，电机、电器的铁芯矽钢片等都是冲压加工的。仪器仪表、家用电器、自行车、办公器械、生活容器等产物中，也有大量冲压件。冷冲压可加工各种类型的产物，尺寸自小到时钟的钟表上指示秒数的指针，大到汽车的纵梁、覆盖件；冲切厚度已达 20mm 以上，加工尺寸幅度大，适应性强。

任务评价

学习任务名称			板材成型性能的试验方法		
开始时间		结束时间	学生签字		
			教师签字		
项　目	技术要求			分值	得　分
任务要求	（1）方法得当 （2）操作规范 （3）正确使用工具与设备 （4）团队合作				
任务实施报告单	（1）书写规范整齐，内容详实具体 （2）实训结果和数据记录准确、全面，并能正确分析 （3）回答问题正确、完整 （4）团队精神考核				

思考与练习题

1. 何谓塑性，塑性指标有哪些？
2. 何谓主应力，应力图示有哪些？
3. 何谓主变形，变形图示有哪些？
4. 何谓冲压，冲压工艺有哪些特点？
5. 冲压的变形特点有哪些？
6. 如何控制冲压变形的趋向性？

任务二　冲压成型工艺

能力目标： 能正确地操作简单的冲压机，并进行一些简单工件的冲压成型。

知识目标： 掌握冲压技术成型的特点、分类及相应的工艺方法，掌握各种冲压设备的组成、工作原理及使用方法。

任务描述

通过学习相关冲压的基础知识，能够提高冲压的工艺知识和操作能力。阐述了冲压过程中冲裁、弯曲、拉深、成型、板料特种成型等工艺的特点及相应方法。

相关资讯

一、冲压

（一）板料冲压所用的原材料

通常是塑性高的金属材料，如低碳钢、合金钢、铜合金、铝合金、镁合金等；塑性较好的低碳非合金钢、非金属（如石棉板、硬橡皮、胶木板、皮革等）的板材、条带材或其他型材。用于加工的板料厚度一般小于6mm。

（二）冲压基本工序

冲压基本工序可分为分离工序和成型工序两大类，见图 2.2.1。

1. 分离工序

分离是使冲压件与板料沿要求轮廓线相互分离的工序，并获得一定断面质量冲压加工方法，包括修剪、切口、切边、落料、冲孔等工序。划分的依据是被加工材料形态和受力情况。

（1）落料及冲孔（统称冲裁）。

在分离工序中，剪裁主要是在剪床上完成的，落料和冲孔又统称为冲裁。冲裁是使坯料按封闭轮廓分离的工序。落料时，冲落部分为成品，而余料为废料，冲孔是为了获得带孔的冲裁件，而冲落部分是废料。

1）冲裁变形过程。冲裁是使材料分离，得到一定形状和尺寸的冲压工序。冲裁时板料的变形和分离过程对冲裁件质量有很大影响。其过程可分为如下三个阶段（图 2.2.2）：①弹性变形阶段；②塑性变形阶段；③断裂分离阶段。

2）凸凹模间隙。凸凹模间隙不仅严重影响冲裁件的断面质量，也影响着模具寿命、卸料力、推件力、冲裁力和冲裁件的尺寸精度。

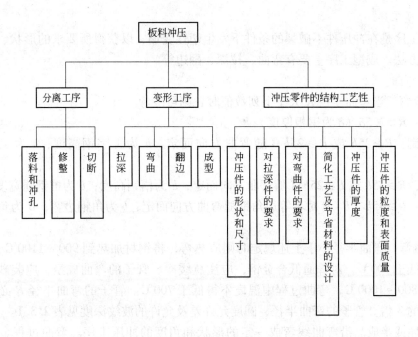

图 2.2.1 冲压基本工序

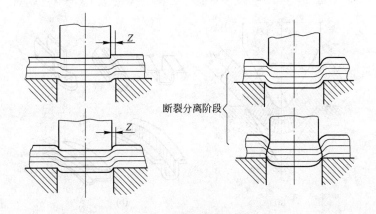

图 2.2.2 冲裁变形和分离过程

间隙过大，凸模刃口附近的剪裂纹较正常间隙时向里错开一段距离，因此光亮带小一些，剪裂带和毛刺均较大；间隙过小，材料中拉应力成分减少，压应力增强，裂纹产生受到抑制，凸模刃口附近的剪裂纹较正常间隙向外错开一段距离，上下裂纹不能很好重合，致使毛刺增大。间隙控制在合理的范围内，上下裂纹才能基本重合于一线，毛刺最小。

间隙对卸料力、推件力也有比较明显的影响。间隙越大，则卸料力和推件力越小。

当冲裁件断面质量要求较高时，应选取较小的间隙值。对于冲裁件断面质量无严格要求时，应尽可能加大间隙，以利于提高冲模寿命。

（2）修整。

为消除断面粗糙度和斜度得到光滑面，对冲裁件进行修整，每边修整量为 0.05 ~ 0.12mm。修整后表面粗糙度为 0.4 ~ 0.8、IT6 ~ IT7。

2. 成型工序

成型工序是在冲压件不破裂的条件下发生塑性变形，以获得所要求的形状、尺寸的零件的加工方法。成型工序主要有弯曲、拉深、翻边等。

（1）弯曲。

1）冷弯。当弯曲半径 R 大于下列数值时，则可冷弯。

钢板：$R \geqslant 2.5\delta$（δ 为钢板厚度）；

工字钢：$R \geqslant 25h$ 或 $R \geqslant 25b$（随弯曲方向而定，h 为工字钢高度；b 为工字钢腿宽度）；

槽钢：$R \geqslant 45b$ 或 $R \geqslant 25h$（随弯曲方向而定，h 为槽钢高度；b 为槽钢腿宽度）；

角钢：$R \geqslant 45b$（B）（对不等边角钢随弯曲方向而定，b 为角钢边宽；B 为角钢长边宽度）。

2）热弯。弯曲半径小于上述规定时则应热弯，将钢材加热到 $900 \sim 1100℃$，弯曲时，温度不得低于 $700℃$，对普通低合金钢，应注意缓冷。管子的弯曲成型，应装砂热弯，加热温度在 $800 \sim 1000℃$，弯曲过程中温度不得低于 $700℃$。管子的弯曲半径 R 必须大于管子直径 d 的 3 倍。管子的弯曲半径、圆度允许差及允许的波纹深度见表 2.3.1。

将毛坯或半成品沿弯曲线弯成一定的形状和角度的冲压工序。弯曲过程金属变形见图 2.2.3。

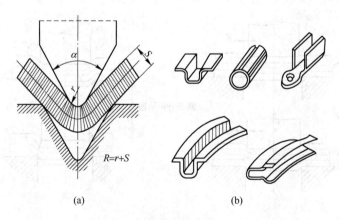

图 2.2.3　弯曲时金属变形
（a）弯曲过程；（b）弯曲产品

弯曲时还应尽可能使弯曲线与坯料纤维方向垂直，若弯曲线与纤维方向一致，则容易产生破裂。

弯曲时材料内侧受压，外侧受拉，如图 2.2.4 所示，拉应力超过材料的抗拉强度时材料遭到破坏。坯料越厚，内弯半径 r 越小，越易拉裂。一般取 $r = 0.25 \sim 2.0$。弯曲时坯料会产生的变形为弹性变形和塑性变形。

通常采用的弯曲方法有如下几种：

①用手工利用专用型胎在虎钳及弯板机等简单设备上用人力进行弯曲成型。这种方法多用于单件及少量零件的生产。

②在普通压力机及液压机上，利用弯曲模对坯料进行弯曲。这种方法主要是用于大批

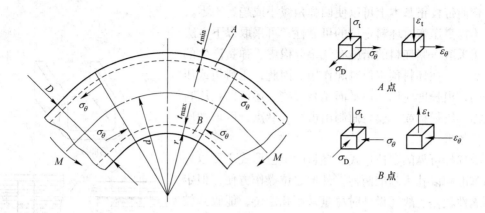

图 2.2.4　弯曲时金属变形力

量小型零件的生产。

③用专用弯曲设备如折弯机、滚弯机等进行特殊形状的弯曲。这种方法主要是用于弯曲大中型零件的批量生产。

板料在弯曲时，一般经过以下几个阶段：

①弹性弯曲阶段。板料在外加弯曲力矩的作用下，首先发生弯曲变形，即通过弹性弯曲阶段。在外加弯曲力矩消失的情况下，零件总会恢复到原来的形状。

②塑性弯曲阶段。随着弯矩的增加，板料弯曲变形增大，板料内外层金属先达到屈服极限，板料开始由弹性变形阶段转入塑性变形阶段。随着弯矩的不断增加，塑性变形就由表向里扩展，最后使整个断面进入塑性状态。弯曲变形过程中，材料本身除了塑性变形外，必然同时伴有弹性变形的过程。当弯曲后去掉外力时，弹性变形部分将立刻恢复，使弯曲件的弯曲角与弯曲半径发生改变，而不再和冲裁形状一致，这种现象称为弯曲件的回弹。

弯曲中影响回弹的因素主要有以下几方面：

①材料的力学性能在弯曲精度比较高的零件时，为了减少回弹值，应选择力学性能分布较均匀的金属板料。

②材料表面质量在板材厚度方向上的精度、表面质量和平度，对回弹有较大影响。若板料厚度方向上公差范围大，其回弹角的波动就大；板料厚度越薄，受这方面的影响就越大。此外，若材料表面不平、凸起及有杂质，则在弯曲时将会产生应力集中，因而对回弹有较大的影响。

③相对弯曲半径 r/t（r 为弯曲半径，t 为料厚）越大，则回弹值越大，故为了减小回弹的影响，一般都选择小的相对弯曲半径。但过小的弯曲半径会使弯曲处破裂。必须均衡考虑。

④弯曲角越大，表示变形区越大，但是弯曲角与弯曲半径的回弹值无关。

⑤弯曲件的形状及模具工作部分尺寸、弯曲件的几何形状及模具工作尺寸对回弹值有较大影响。例如，在翘曲过程中，U 形件比 V 形件的回弹性要小些。这是因为 U 形件的底部在弯曲中有拉伸变形的成分，故回弹要小。

⑥弯曲作用力的影响。一般情况下，弯曲作用力小时，则回弹角大。增加作用力，实

际上弯曲带校正基本上可以使回弹角减小或趋近于零。

为提高压弯时坯料定位的可靠性，可采取以下方法：

①采取压紧坯料的措施有气垫、橡皮、弹簧产生的压紧力，应在坯料预定位时起作用。因此，压料板或压料杆的顶出长度应比凹模平面稍高一些。还可以在压料杆顶面、压料板或凸模表面制出齿纹、麻点，以增加压紧定位效果。

②选择可靠的定位形式。坯料的定位形式主要以外形为基准和以孔为基准两种。外形定位操作方便，但定位可靠性较差。故在设计时尽量采用孔定位，能收到较好的定位效果。

③选择合理的冲压方向。在冲压生产中，改变压弯件的冲压方向，改善对坯料的压紧条件和改变定位形式，都能提高压弯件精度。弯曲时的纤维方向如图2.2.5所示。

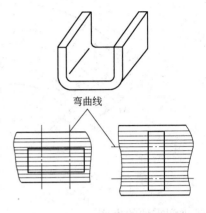

图 2.2.5　弯曲时纤维方向

（2）拉深。

拉深是把毛坯拉压成空心体，或者把空心体拉压成外形更小的空心体的冲压工序。用拉伸工艺可制成筒形、阶梯形、锥形等不规则的零件。

1）拉深过程。将平板坯料放在凸、凹模之间并由压边圈适当压紧，凸模往下运动时直径为 D 的坯料与凸模端部接触部分不变形，形成杯底底面，其他部位发生很大变形，被拉进凸凹模的间隙中形成工件的侧直壁。如果板料很薄，拉深的深度又较大时很容易出现褶折现象，如图2.2.6～图2.2.10所示。压边圈的作用就是防止褶折现象的产生。

2）防止拉裂的措施：

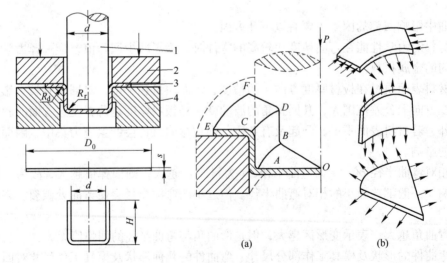

图 2.2.6　拉深过程示意图和拉深过程中的变形及应力分布

（a）变形过程；（b）应力分布

1—凸模；2—压边圈；3—板料；4—凹模

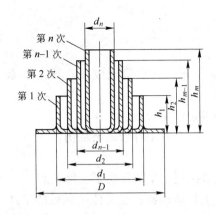

图 2.2.7　多次拉深时圆筒直径的变化

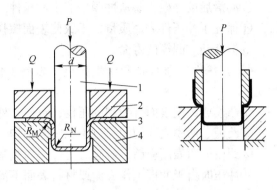

图 2.2.8　有压边圈的拉深
1—凸模；2—压边圈；3—坯料；4—凹模

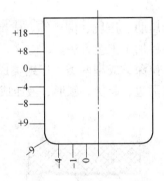

图 2.2.9　圆筒形拉深件壁厚的变化率（％）

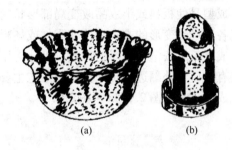

图 2.2.10　拉深废品
（a）皱折现象；（b）拉穿缺陷

①凸、凹模工作部分必须做成一定圆角，切不可锋利。凹模圆角半径 $r = 10s$（s 为坯料厚度），凸模圆角半径 $r = (0.6 \sim 1.0)s$。

②凸、凹模间隙要合适。一般拉深的凸、凹模间隙比冲裁模间隙大。可取 $Z = (1.1 \sim 1.2)s$。间隙过小与被拉深件的摩擦力增加，易拉伤工件，擦伤工件表面。间隙过大又易引起拉深件侧壁起皱，影响精度。

③控制合适的拉深系数。拉深件直径与坯料直径之比为拉深系数，拉深系数越小则拉深直径越小，变形程度大，易拉成废品。一般取拉深系数 $\geqslant 0.5 \sim 0.8$。坯料塑性差取上限，反之取下限，若拉深次数多则要分成几次拉深。但多次拉深必定出现加工硬化现象，所以必须在多次拉深期间对工件进行退火热处理以保证有足够的塑性，同时每次拉深系数应该比上一次大。总拉深系数等于各拉深系数的乘积。

④要有良好的润滑。为防止拉穿、减少摩擦、降低冲压力在压边圈、凹模顶面间、凸凹模间都要加润滑剂。常用矿物油。

3）拉深过程中采用润滑剂的目的有以下几个方面：

①降低材料与模具间的摩擦系数，从而使拉深力降低。经验证明：有润滑与无润滑相比，拉深力可降低30%左右。

②提高材料的变形程度，降低了极限拉深系数，从而减少了拉深次数。

③润滑后的冲模，易从冲模中取出冲压件。

④保证了冲压件表面质量，不致使表面擦伤。

⑤提高凸、凹模的寿命。

4）拉深件表面有时会产生拉痕，影响工件的表面质量，甚至造成废品。其主要原因是：

①凸模或凹模表面有尖利的压伤，致使工件表面相应也产生拉痕。

②凸模、凹模之间的间隙过小或间隙不均匀，使其在拉延时工件表面被刮伤。

③凹模圆角表面粗糙，拉延时工件表面被刮伤。

④冲压时由于冲模工作表面或材料表面不清洁而混进杂物，从而压伤了工件表面。

⑤当凸模、凹模硬度低时，其表面附有金属废屑产生黏结现象，也会使拉延后的工件表面产生拉痕。

⑥润滑油质量差，也会使工件表面粗糙度增大。

3. 成型

成型是使板料或半成品改变局部形状的工序，包括压肋、压坑、翻边等。成型工艺是指用各种局部变形的方式来改变零件或坯料的形状的各种加工工艺方法。

成型工艺按塑性变形的特点，可分为压缩类成型与拉深类成型两类。压缩类成型工艺主要有缩口、外翻边；拉深类成型工艺主要有翻孔、内翻边、起伏、胀形、液压成型等。

成型工艺见图 2.2.11 ~ 图 2.2.14。

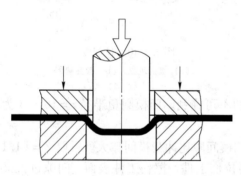

图 2.2.11　刚模压坑

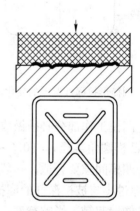

图 2.2.12　软模压肋

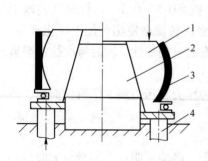

图 2.2.13　刚模胀形

1—分瓣凸模；2—芯子；3—工件；4—顶杆

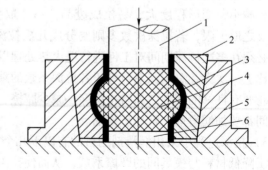

图 2.2.14　软模胀形

1—凸模；2—凹模；3—工件；4—橡胶；5—外套；6—垫块

4. 翻边

在预先冲孔的坯料上成型出凸缘的工序称为翻边。翻边时孔边切料沿切向受拉而使孔径扩大，材料厚度变薄。变形过大将使翻边部位拉裂（图2.2.15）。变形程度用 K 表示，$K = d_0/d$，d_0 为预冲孔直径，d 为翻边孔直径。K 越小，变形程度越大，一般取 $K = 0.65 \sim 0.72$。

翻边的主要优点在于：

（1）用翻边方法可以加工形状复杂且具有良好刚度和合理空间形状的零件。

（2）在生产中可以广泛地用来代替无底拉深件和先拉深后切底工序。

（3）用翻边工序可大大提高劳动生产率，节约部分拉深件用的模具，降低工件的制造成本。

（4）由于翻边时，工件的外缘（指孔翻边）只需要把被切掉的部分翻成所需的形状，因而节约了材料。

（5）用翻边成型法，可以代替某些复杂工件形状的拉深工作，因此翻边特别适用于小批量试制性生产。

5. 缩口

缩口是将管坯或预先拉深好的圆筒形件通过缩口模将其口部直径缩小的一种成型方法，见图2.2.16。

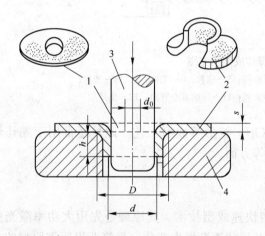

图 2.2.15　翻边简图
1—平坯料；2—成品；3—凸模；4—凹模

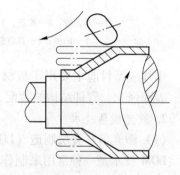

图 2.2.16　旋转缩口

（三）板料特种成型

1. 爆炸成型

爆炸成型是利用爆炸物质在爆炸瞬间释放出巨大的化学能对金属坯料进行加工的高能率成型方法。爆炸成型时，爆炸物质的化学能在极短时间内转化为周围介质（空气或水）中的高压冲击波，并以脉冲波的形式作用于坯料，使其产生塑性变形并以一定速度贴模，完成成型过程（图2.2.17）。冲击波对坯料的作用时间为微秒级，仅占坯料变形时间的一小部分。这种高速变形条件，使爆炸成型的变形机理及过程与常规冲压加工有着根本性的差别。爆炸成型主要特点是：

（1）能提高材料的塑性变形能力适用于塑性差的难成型材料。

（2）一般情况下，爆炸成型无需使用冲压设备，生产条件简化。

（3）模具简单，仅用凹模即可。节省模具材料，降低成本。

（4）适于大型零件成型。爆炸成型不需专用设备，且模具及工装制造简单，周期短，成本低。

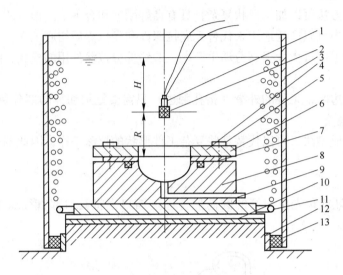

图 2.2.17　爆炸成型示意图

1—电雷管；2—炸药；3—水筒；4—压扁圈；5—螺栓；6—毛坯；7，13—密封；
8—凹模；9—真空管道；10—缓冲装置；11—压缩真空管路；12—垫环

爆炸成型目前主要用于板材的拉深、胀形、校形等成型工艺。此外还常用于爆炸焊接、表面强化、管件结构的装配、粉末压制等方面。

2. 激光成型技术

（1）激光薄片叠层制造（LOM）技术

LOM 技术是一种常用来制作模具的新型快速成型技术。其原理是先用大功率激光束切割金属薄片，然后将多层薄片叠加，并使其形状逐渐发生变化，最终获得所需原型的立体几何形状（图 2.2.18）。

LOM 技术制作冲模，其成本约比传统方法节约 1/2，生产周期大大缩短，可用来制作复合模、薄料模、级进模等，经济效益甚为显著。

（2）激光诱发热应力成型（LF）技术

LF 技术的原理是基于金属热胀冷缩的特性，即对材料进行不均匀加热，产生预定的塑性变形（图 2.2.19）。

该技术具有下列特点：

1）无模具成型：生产周期短、柔性大，特别适合单件小批量或大型工件的生产。

2）无外力成型：材料变形的根源在于其内部的热应力。

3）非接触式成型：成型精度高、无工模具磨损，可用于精密件的制造。

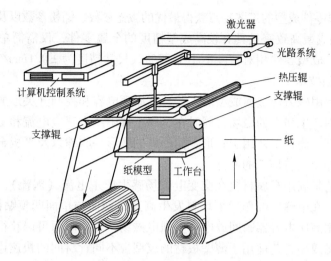

图 2.2.18　激光制造技术原理图

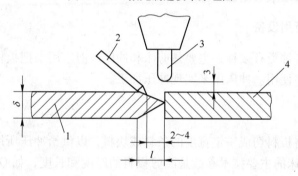

图 2.2.19　激光 LF 技术应用示意图
1—钢件；2—填丝；3—钨极；4—铝件

4）热态累积成型：能够成型常温下难变形材料或高硬化指数金属，而且能够产生自冷硬化效果，使变形区材料的组织与性能得以改善。

激光成型的特点：

1）满足直接成型高精度、全致密金属零件需要，采用了具有高光束质量（$M_2 \leqslant 1.1$）、短波长（1075nm）、高稳定性、低维修成本的 200W 光纤激光器。

2）配备高速、高精度的振镜扫描系统及德国进口 f-θ 透镜。扫描振镜分辨率可达12μrad，重复精度可达 40μrad，最高定位速度大于 7m/s。激光束通过 f-θ 透镜可在工作平面上任一点获得功率分布均匀，直径为 30～50μm 聚焦光斑。

3）系统采用高精度六轴伺服电机控制实现粉末的精确铺设。成型缸及铺粉缸的升降精度可达 ±10μm。还专门针对金属零件快速制造工艺的特点，设计了独特的铺粉刮板，该铺粉刮板能自动维护成型过程稳定进行。

4）针对金属粉末在熔化过程中的氧化，采用整体和局部惰性气体保护，并安装了烟气过滤装置，保护气体包括氩气和氮气，成型过程中成型室内氧含量控制在 0.1% 以下。

5）所用软件包括激光成型过程控制软件、SLM 扫描路径生成与优化软件、Magics13.0数据处理软件等，其中激光成型过程控制软件及 SLM 扫描路径生成与优化软件都是自主研发，可以针对金属零件成型的工艺特点获得最优的激光参数、铺粉参数以及扫描路径。

6）设备直接成型高致密且具有较高成型精度的金属零件，仅需简单喷砂或抛光后处理即可投入使用。成型零件相对密度不小于97%，尺寸精度为 ±0.1mm/100mm。

（3）电磁成型技术

电磁成型是利用磁力使金属成型的工艺，其原理电容和控制开关形成放电回路，瞬时电流通过工作线圈产生强大的磁场，同时在金属工件中产生感应电流和磁场，在磁场力的作用下使工件成型。此种工艺用于管形、筒形件的胀形、收缩以及平板金属的拉深、成型等，常用于普通冲压不易加工的零件。

电磁成型工艺是利用金属材料在交变电磁场感生产生电流（涡流），而感生电流受到电磁场的作用力，在电磁力的作用下坯料发生高速运动而与单面凹模贴模产生塑性变形。实际生产中是利用高压电容器瞬间放电产生强电磁场，坯料因而可以获得很大的磁场力和很高的速度。电磁成型工艺适用于薄壁板材的成型、不同管材间的快速连接、管板连接等加工过程，是一种高速成型工艺。

二、板料冲压所用设备

冲压所用的设备种类有多种，主要是剪床和冲床。剪床用来把板料剪切成需要宽度的条料，以供冲压工序使用。冲床用来实现冲压加工。

（一）剪床

剪床的用途是将板料切成一定宽度的条料或块料，以供给冲压所用，剪床传动机构如图2.2.20所示。剪床的主要技术参数是能剪板料的厚度和长度，如 Q11-2×1000 型剪床，表示能剪厚度为2mm、长度为1000mm的板材。剪切宽度大的板材用斜刃剪床，当剪切窄而厚的板材时，应选用平刃剪床。

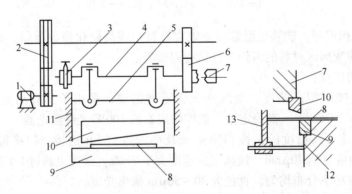

图 2.2.20　剪床传动机构示意图

1—电动机；2—带轮；3—制动器；4—曲柄；5—滑块；6—齿轮；7—离合器；8—板料；
9—下刀片；10—上刀件；11—导轨；12—工作台；13—挡铁

（二）冲床

冲床是曲柄压力机的一种，可完成除剪切外的绝大多数基本工序。冲床按其结构可分为单柱式和双柱式、开式和闭式等；按滑块的驱动方式分为液压驱动和机械驱动两类。机械式冲床的工作机构主要由滑块驱动机构（如曲柄、偏心齿轮、凸轮等）、连杆和滑块组成。

　　图 2.2.21 为开式双柱式冲床的外形和传动简图。电动机经 V 带减速系统使大带轮转动，再经离合器使曲轴旋转。当踩下踏板后，离合器闭合并带动曲轴旋转，再通过连杆带动滑块沿导轨做上下往复运动，完成冲压加工。冲模的上模装在滑块上，随滑块上下运动，上下模闭合一次即完成一次冲压过程。踏板踩下后立即抬起，滑块冲压一次后便在制动器作用下，停止在最高位置上，以便进行下一次冲压。若踏板不抬起，滑块则进行连续冲压。

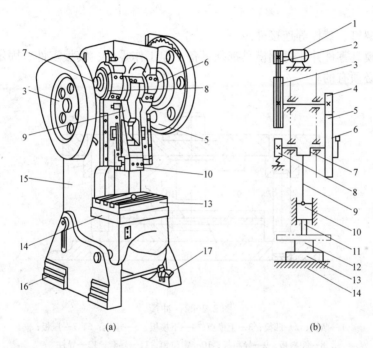

图 2.2.21　开式双柱式冲床
（a）外观图；（b）传动简图
1—电动机；2—小带轮；3—大带轮；4—小齿轮；5—大齿轮；6—离合器；
7—曲轴；8—制动器；9—连杆；10—滑块；11—上模；12—下模；
13—垫板；14—工作台；15—床身；16—底座；17—脚踏板

　　通用性好的开式冲床的规格以额定标称压力来表示，如 100kN（10t）。其他主要技术参数有滑块行程距离（mm）、滑块行程次数（次/min）和封闭高度等。

　　（三）冲模结构

　　冲模是板料冲压的主要工具，其典型结构如图 2.2.22 所示。

　　一副冲模由若干零件组成，大致可分为以下几类：

　　（1）工作零件。如凸模 1 和凹模 2，为冲模的工作部分，它们分别通过压板固定在上下模板上，其作用是使板料变形或分离，这是模具关键性的零件。

（2）定位零件。如导料板9，定位销10。用以保证板料在冲模中具有准确的位置。导料板控制坯料进给方向，定位销控制坯料进给量。

（3）卸料零件。如卸料板8。当冲头回程时，可使凸模从工件或坯料中脱出，亦可用弹性卸料，即用弹簧、橡皮等弹性元件通过卸料板推下板料。

（4）模板零件。如上模板3，下模板4和模柄5等。上模借助上模板通过模柄固定在冲床滑块上，并可随滑块上、下运动；下模借助下模板用压板螺栓固定在工作台上。

（5）导向零件。如导套11、导柱12等，是保证模具运动精度的重要部件，分别固定在上、下模板上，其作用是保证凸模向下运动时能对准凹模孔，并保证间隙均匀。

（6）固定板零件。如凸模压板6、凹模压板7等，使凸模、凹模分别固定在上、下模板上。

此外还有螺钉、螺栓等连接件。

以上所有模具零件并非每副模具都须具备，但工作零件、模板零件、固定板零件等则是每副模具所必须有的。

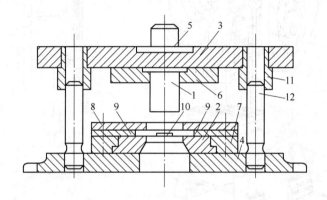

图 2.2.22　冲模

1—凸模；2—凹模；3—上模板；4—下模板；5—模柄；6，7—压板；
8—卸料板；9—导料板；10—定位销；11—导套；12—导柱

任务实施

冷冲压件技术条件

1. 内容与使用范围

（1）本技术条件规定了产品所用的金属与非金属，板材选型材用以冷冲压加工方法制成的。

（2）本技术不适用于采用精密冲裁方法加工的冲压件。

（3）本技术条件在产品图样及其他技术条件中引用有效，标注方法为"冷冲压件符合 OCYD.599.000"。

2. 引用标准

JB 4378　金属冷冲压件结构要素

GB/T 13914—92　冲压件公差

GB 188—89　公差与配合总论　标准公差与基本偏差

GB 1804—92　一般公差线性尺寸的未注公差

GB 4129—85　冲压件毛刺高度

GB 2828—87　逐批检查计数抽样程序及抽样表

3. 计数要求

（1）冲压件使用的原材料应符合产品图样的要求，应具备质保书或理化试验报告单，它能保证材料符合标准规定的及时要求，当无质量证明书或其他原因时，应委托有权威性质的第三方机构进行理化试验。

（2）形状和尺寸。

1）冲压件的形状和尺寸应符合产品图样的规定。

2）冲压件的形状和尺寸应考虑到工艺限制，对于金属板材设计时应遵循《金属冷冲压件　结构要素》（JB 4378—87）的规定准则，对于金属型材、管件及非金属板材可参照此标准。

3）冲压件的形状和尺寸公差符合《冲压件尺寸公差》（GB/T 13914—92）的规定，非金属板材也可参照执行此标准，同时冲压件的形状和尺寸公差也可执行《公差和配合总论　标准公差与基本偏差》（GB 1800—79）第31条及《一般公差线性尺寸的未注公差》（GB 1804—92）。

（3）表面质量。除冲切面外，冲压件表面状况要求与所用材料一致。在成型过程中允许有轻微的拉伸皱褶和较小的表面不平度。对冲压件表面的处理，如除锈、酸洗、除油、磷化、涂漆、氧化、金属镀层等要求，应在产品图样的技术要求中说明。

（4）金属冲压件毛刺高度的极限值应符合《冲压件毛刺高度》（GB 4129—85）的规定，并要求选用加工精度级别，如果不允许有毛刺，则需采用工艺措施去除毛刺。

（5）冲裁件断面。当与质量及装配无关时，断面的倾斜度不作考核。允许在落料凹模和冲孔凸模一面有自然的倾斜。

（6）弯曲。在不影响装配质量的条件下，冲压件的弯曲处允许有轻微的变形，如边缘凸出材料厚度变化，孔被轻微拉长。当不允许边缘凸出时，弯曲前可增设工艺措施解决，对于杆形零件的弯曲，允许产生极轻微的扭曲现象。

（7）翻边。金属件板材冲压件需翻边的缘口处允许轻微裂纹，但对于功螺纹用的板材翻边不得影响有效的螺纹直径及公差。

（8）顶镦的杆件，其顶镦处表面应光滑，不允许有裂纹及影响表面质量的严重缺陷。

（9）未注普通螺纹的公差按《普通螺纹公差与配合》（GB 197—81）T级精度。

（10）有些需要进行焊接、热处理、整形等工艺处理的冲压件，如认为需要增加工艺尺寸，则允许工艺尺寸暂时脱离产品图样尺寸，但经过加工后，必需保证达到设计要求。

4. 检验方法

（1）原材料按原材料进厂检验规程进行检验，并符合产品图样的规定。

（2）冲压件分自制件和外协件两种，自制件应该按本产品的冷冲压工艺卡片的工序尺寸进行检查，对外协件应按零件的检查卡片进行检查，并应具备材料质保书及产品合格证。

（3）冲压件的精度检查是采用能够保证测量精度的工、夹、量具检验冲压件的尺寸、形状、位置、精度。

5. 检查规则

检验分型式试验、定期试验和常规试验。

（1）型式试验：随同产品进行。

（2）定期试验：随同产品进行。

（3）常规试验。

1）进行3. 中第（1）条的检验时，若不具备质保书，检验部门应按材料标准委托第三方机构进行历经试验。

2）进行3. 中（2）～（10）条的检验时，按《逐批检验计数抽验程序及抽验表》（GB 2828—87）进行一次抽样方案，一般检验水平为Ⅱ级，合格质量水平为2.5，对于安全件的检验则按检验卡片的规定进行。

6. 包装、运输、储存

（1）包装应保证冲压件在运输过程中不损坏，箱体上应标注冲压件的名称、规格、代号、数量、制造单位、日期，并附有合格证。

（2）冲压件在运输过程中要有防潮、防变形、防锈的措施，以保证质量。

（3）冲压件应存放在清洁、通风、干燥、无腐蚀的库房中，并不得直接放于地面上。

任务总结

通过学习冲压的系统知识，要对冲压的总体技术有全面的认知，利用所学的知识合理设计和操作。

任务评价

学习任务名称			冷冲压件技术条件		
开始时间		结束时间	学生签字		
			教师签字		
项　目	技术要求			分值	得分
任务要求	（1）方法得当 （2）操作规范 （3）正确使用工具与设备 （4）团队合作				
任务实施报告单	（1）书写规范整齐，内容详实具体 （2）实训结果和数据记录准确、全面，并能正确分析 （3）回答问题正确、完整 （4）团队精神考核				

思考与练习题

1. 试述剪床和冲床的工作原理。

2. 确定冲压工序时要注意哪些问题？

任务三　冲压工艺过程设计

能力目标： 能按技术要求进行冲压工序的设计。
知识目标： 冲压过程中板料特种成型工艺的设计。

任务描述

通过学习相关冲压的基础知识，能够对冲压的工艺知识灵活应用。阐述了冲压过程中板料特种成型工艺的设计方法。

相关资讯

一、制定板料冲压工艺设计方法

（1）工艺设计的原始资料。

在制定冲压件工艺过程之前必须明确冲压件的产量，了解冲压件的结构和在机器中的装配关系及技术要求，原材料的规格、状态，生产车间的平面布置，设备技术参数及负荷情况；工人技术水平等。这些都是制定冲压件工艺过程必不可少的基础资料。

（2）了解变性规律，合理制定工艺过程。

在制定冲压件工艺过程时，要认真分析坯料变形区的应力状态和变性特点，研究坯料变形的趋势，采取措施控制坯料变形，从而达到预期的成型效果。

二、冲压工艺设计过程的制定步骤

（一）零件图的分析

零件的生产批量对冲压加工的经济性起着决定性的作用。必须根据零件的生产批量和零件质量要求确定是否采用冲压加工，以及用何种工艺进行加工。冲压件的结构形状和尺寸与经济性有很大关系，合理排料、少出废料，采用廉价材料可降低冲压加工成本。

（二）冲压件总体工作方案的确定

在工艺分析的基础上根据冲压件的几何形状、尺寸、精度要求和生产批量等，确定备料、冲压加工、检验和其他辅助工序的先后顺序，有的零件还要安排必要的非冲压加工工序，从而把冲件整个制造过程确定下来。

（三）冲压工序件形状和尺寸的确定

冲压工序件是坯料与成品零件的过渡件。冲压工艺过程确定以后，工序件尺寸就确定了。

（1）根据极限变形参数确定工序件尺寸。

（2）工序件形状和尺寸应有利于下一道工序的形成。

（3）工序件各部位的形状和尺寸必须根据等面积原则确定。

（4）工序件形状和尺寸必须考虑成型后零件表面的质量。

（四）冲压工序性质、数目和顺序的确定

有的冲压件可以直观地看出所需的工序性质和顺序，根据需用变形程度，通过一般的计算即可确定工序数量。有的冲压件不经仔细考虑难以确定其正确的工艺方案，或一个零件有多种工艺方案，必须通过分析、比较选择一种最佳工艺方案。

（五）冲模类型和结构形式的确定

在制定冲压工艺设计过程时，既要考虑工序组合的必要性，又要注意模具结构及模具强度的可能性。

（六）冲压设备的选择

设备技术参数的选择主要是依据冲压工艺性质、生产批量、冲压件尺寸及精度要求、变形力大小及模具尺寸来选择。

（七）冲压工艺文件的编写

冲压工艺文件主要是工艺过程卡和工序卡。在大批量生产中，需要制定每个零件的工艺过程卡和工序卡；成批生产中，一般需要制定工艺过程卡；小批量生产一般只需要填写工艺路线明细表即可。

三、弯曲件的设计规范

冲压件的设计不仅应保证它具有良好的使用性能，而且也应具有良好的工艺性能，以减少材料的消耗、延长模具寿命、提高生产率、降低成本、保证冲压件质量。冲压件的设计应满足下列要求：

（1）落料件的外形和冲孔件的孔形应力求简单对称，尽量采用圆形、矩形等规则形状，并应使排样时的废料降低到最低限度。应避免长槽及细长悬臂结构。图 2.3.1（b）设计要较图 2.3.1（a）设计合理，材料利用率高。

（2）孔及其尺寸应满足图 2.3.2（a）的要求，工件上的孔和孔距不能太小，工件周边上的凸出和凹进不能太窄太深，所有的直线和直线、曲线与直线的交接均应为圆弧连接，以避免因应力集中而被冲模冲裂，其最小圆角半径 $R > 0.5\delta$。

（3）弯曲件形状应尽量对称，弯曲半径 R 不得小于材料允许的最小弯曲半径，并应考虑材料纤维方向，以避免成型过程中弯裂。弯曲带孔件时，为避免孔的变形，孔的位置应在圆角的圆弧之外，如图 2.3.2（b）所示，且应先弯曲后冲孔。

（4）拉深件外形应力求简单对称，且不宜太高，以便使拉深次数尽量少并容易成型。对形状复杂件可采用冲压焊接复合结构。

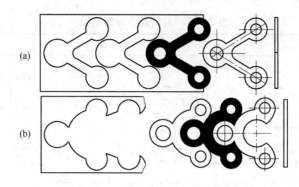

图 2.3.1　零件形状与节约材料的关系

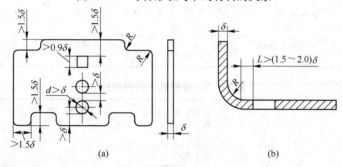

图 2.3.2　冲压件结构工艺示意图

管子的弯曲半径，型钢及管子的最小弯曲半径如表 2.3.1～表 2.3.3 所示。

表 2.3.1　管子的弯曲半径、圆度允差及允许的波纹深度　　　　　　　　mm

示意图	允差名称	管 子 外 径										
		30	38	50	60	70	83	102	108	127	150	200
	弯曲半径 R 的允差	$R = 75 \sim 125$	±2	±2	±3	±3	±4						
		$R = 160 \sim 300$	±1	±1	±2	±2	±3						
		$R = 400$						±5	±5	±5	±5	±5	±5
		$R = 500 \sim 1000$						±4	±4	±4	±4	±4	±4
		$R > 1000$						±3	±3	±3	±3	±3	±3
	在弯曲半径处的圆度 a 或 b	$R = 75$	3.0										
		$R = 100$	2.5	3.1									
		$R = 125$	2.3	2.6	3.6								
		$R = 160$	1.7	2.1	3.2								
		$R = 200$		1.7	2.8	3.6							
		$R = 300$		1.6	2.6	3.0	4.6	5.8					
		$R = 400$			2.4	3.8	5.0	7.2	8.1				
		$R = 500$			1.8	3.1	4.2	6.2	7.0	7.6			
		$R = 600$			1.5	2.3	3.4	5.1	5.9	6.5	7.5		
		$R = 700$			1.2	1.9	2.5	3.6	4.4	5.0	6.0	7.0	
	弯曲处的波纹 a		—	1.0	1.5	1.5	2.0	3.0	4.0	5.0	6.0	7.0	8.0

表 2.3.2　型钢最小弯曲半径　　　　　　　　　　mm

	型　钢					
弯曲条件						
作为弯曲的轴线	I—I	I—I	I—I	I—I	I—I	I—II
轴线位置	$l_1 = 0.95t$	$l_2 = 1.12t$	$l_1 = 0.8t$	—	$l_1 = 1.15t$	—
最小弯曲半径	$R = 5(b - 0.95t)$	$R = 5(b_2 - 1.12t)$	$R = 5(b_1 - 0.8t)$	$R = 2.5H$	$R = 4.5B$	$R = 2.5H$

表 2.3.3　管子最小弯曲半径　　　　　　　　　　mm

硬聚氯乙烯管			铝　管			紫铜与黄铜管			焊接钢管				无　缝　钢　管					
D	壁厚 t	R	D	壁厚 t	R	D	壁厚 t	R	D	壁厚 t	热	冷	D	壁厚 t	R	D	壁厚 t	R
12.5	2.25	30	6	1	10	5	1	10	13.5		40	80	6	1	15	45	3.5	90
15	2.25	45	8	1	15	6	1	10	17		50	100	8	1	15	57	3.5	110
25	2	60	10	1	15	7	1	15	21.25	2.75	65	130	10	1.5	20	57	4	150
25	2	80	12	1	20	8	1	15	26.75	2.75	80	160	12	1.5	25	76	4	180
32	3	110	14	1	20	10	1	15	33.5	3.25	100	200	14	1.5	30	89	4	220
40	3.5	150	16	1.5	30	12	1	20	42.25	3.25	130	250	14	3	18	108	4	270
51	4	180	20	1.5	30	14	1	20	48	3.5	150	290	16	1.5	30	133	4	340
65	4.5	240	25	1.5	50	15	1	30	60	3.5	180	360	18	1.5	40	159	4.5	450
76	5	330	30	1.5	60	16	1.5	30	75.5	3.75	225	450	18	3	28	159	6	420
90	6	400	40	1.5	80	18	1.5	30	88.5	4	265	530	20	1.5	40	194	6	500
114	7	500	50	2	100	20	1.5	30	114	4	340	680	22	3	50	219	6	500
140	8	600	60	2	125	24	1.5	40					25	3	50	245	6	600
166	8	800				25	1.5	40					32	3	60	273	8	700
						28	1.5	50					32	3.5	60	325	8	800
						35	1.5	60					38	3	80	371	10	900
						45	1.5	80					38	3.5	70	426	10	1000
						55	2.0	100					44.5	3	100			

四、拉深件的设计规范

零件的圆角半径应按表 2.3.4 确定，否则会增加拉深次数和整形工作，或产生拉裂现象。

表 2.3.4 箱型零件的圆角半径、法兰边宽度和工件高度

材料	圆角半径	材料厚度 t/mm		
		<0.5	$>0.5 \sim 3$	$>3 \sim 5$
软钢	R_1	$(5 \sim 7)t$	$(3 \sim 4)t$	$(2 \sim 3)t$
	R_2	$(5 \sim 10)t$	$(4 \sim 6)t$	$(2 \sim 4)t$
黄铜	R_1	$(3 \sim 5)t$	$(2 \sim 3)t$	$(1.5 \sim 2.0)t$
	R_2	$(5 \sim 7)t$	$(3 \sim 5)t$	$(2 \sim 4)t$

R_1、R_2

$\dfrac{H}{R_0}$	材料		比值
当 $R_0 >$ $0.14B$ $R_1 \geqslant 1$	酸洗钢	$4.0 \sim 4.5$	当 $\dfrac{H}{R_0}$ 需大于左列数值时,则应采用多次拉深工序
	小拉钢、铝、黄铜、铜	$5.5 \sim 6.5$	
B	$\leqslant R_2 + (3 \sim 5)t$		
R_3	$\geqslant R_0 + B$		

拉深件的设计规范如表 2.3.5~表 2.3.10 所示。

表 2.3.5 无凸缘筒形件的许可相对高度 h/d

c—修边余量

拉延次数	坯料相对厚度 $\dfrac{t}{D} \times 100$				
	$0.1 \sim 0.3$	$0.3 \sim 0.6$	$0.6 \sim 1.0$	$1.0 \sim 1.5$	$1.5 \sim 2.0$
1	$0.45 \sim 0.52$	$0.5 \sim 0.62$	$0.57 \sim 0.70$	$0.65 \sim 0.84$	$0.77 \sim 0.94$
2	$0.83 \sim 0.96$	$0.94 \sim 1.13$	$1.1 \sim 1.36$	$1.32 \sim 1.6$	$1.54 \sim 1.88$
3	$1.3 \sim 1.6$	$1.5 \sim 1.9$	$1.8 \sim 2.3$	$2.2 \sim 2.8$	$2.7 \sim 3.5$
4	$2.0 \sim 2.4$	$2.4 \sim 2.9$	$2.9 \sim 3.6$	$3.5 \sim 4.3$	$4.3 \sim 5.6$
5	$2.7 \sim 3.3$	$3.3 \sim 4.1$	$4.1 \sim 5.2$	$5.1 \sim 6.6$	$6.6 \sim 8.9$

注:1. 适用钢 08、10。

2. 表中大的数值适用于第一次拉延中有大的圆角半径($r = 8 \sim 15t$),小的数值适用于小的圆角半径($r = 4 \sim 8t$)。

表 2.3.6 有缘拉延件的修边余量 $c/2$ mm

d_f 为制件凸缘外径

简 图	凸缘直径 d_f	凸缘的相对直径 $\dfrac{d_f}{d}$			
		约 1.5	$>1.5 \sim 2$	$>2 \sim 2.5$	>2.5
	约 25	1.8	1.6	1.4	1.2
	$25 \sim 50$	2.5	2	1.8	1.6
	$50 \sim 100$	3.5	3	2.5	2.2
	$100 \sim 150$	4.3	3.6	3	2.5
	$15 \sim 200$	5	4.2	3.5	2.7
	$200 \sim 250$	5.5	4.6	3.8	2.8
	>250	6	5	4	3

表 2.3.7　内孔一次翻边的参考尺寸

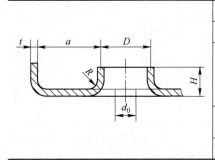

翻边直径（中径）D	由结构给定
翻边圆角半径 R	$R \geqslant 1 + 1.5t$
翻边系数 K	软钢 $K \geqslant 0.70$ 黄铜 H62（$t = 0.5 \sim 6$）$K \geqslant 0.68$ 铝（$t = 0.5 \sim 5$）$K \geqslant 0.70$
翻边高度 H	$H = \dfrac{D}{2}(1 - K) + 0.43R + 0.72t$
翻边孔至外缘的距离 a	$a > (7 \sim 8)t$

注：1. 翻边系数 $K = d_0 / D$。

　　2. 若翻边高度较高，一次翻边不能要求时，可采用拉深、翻边复合工艺。

　　3. 翻边后孔壁减薄，如变薄量有特殊要求，应予注明。

表 2.3.8　缩口时直径缩小的合理比例

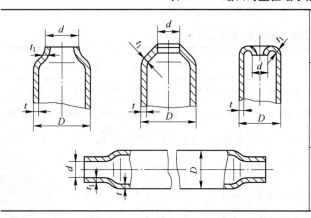

$\dfrac{D}{t} \leqslant 10$ 时；$d \geqslant 0.7D$
$\dfrac{D}{t} > 10$ 时；$d = (1 - k)D$ 钢制件：$k = 0.1 \sim 0.15$ 铝制件：$k = 0.15 \sim 0.2$
箍压部分壁厚将增加 $t_1 = t\sqrt{\dfrac{D}{d}}$

表 2.3.9　角部加强肋　　　　　　　　　　　　　　　mm

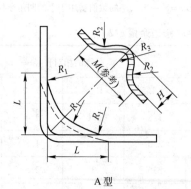

A 型

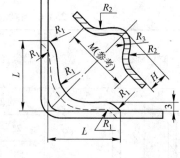

B 型

L	型　式	R_1	R_2	R_3	H	M（参考）	肋间距
12.5	A	6	9	5	3	18	65
20	A	8	16	7	5	29	75
30	B	9	22	8	7	38	90

表 2.3.10 加强窝的间距及其至外缘的距离 mm

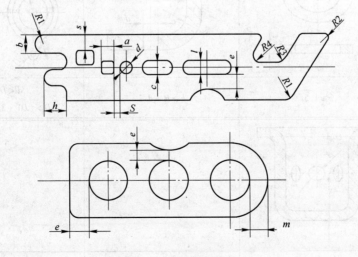

D	L	l
6.5	10	6
8.5	13	7.5
10.5	15	9
13	18	11
15	22	13
18	26	16
24	34	20
31	44	26
36	51	30
43	60	35
48	68	40
55	78	45

五、冲裁件的设计规范——冲裁最小尺寸

（1）为简化冲压工艺，节约材料，对形状复杂的冲压件可先分别冲成若干个简单件，然后再焊成整体件。

（2）为减小冲压力和模具磨损，并节约材料，应尽量采用薄板。若局部刚度不够，可采用加强筋结构，以实现用薄板代替厚板。

（3）冲压件的精度要求，一般不超过各冲压工序的经济精度，各种冲压工序的经济精度为：落料为 IT10；冲孔位；弯曲为 IT10～IT9；拉深件高度为 IT10～IT8（经整修后可达 IT7～IT6），直径为 IT9～IT8，厚度为 IT10～IT9。对冲压件表面质量的要求，应避免高于原料的表面质量，否则需要增加切削加工等工序。

冲裁件的设计规范如图 2.3.3 及表 2.3.11～表 2.3.16 所示。

图 2.3.3 冲裁最小尺寸

表 2.3.11　冲裁最小尺寸

材　料	b	h	a	S、d	c、m	e、l	$R1$、$R3$ $\alpha \geq 90°$	$R2$、$R4$ $\alpha < 90°$
钢 $R_{\rm m} > 882{\rm MPa}$	$1.9t$	$1.6t$	$1.3t$	$1.4t$	$1.2t$	$1.1t$	$0.8t$	$1.1t$
钢 $R_{\rm m} = 490 \sim 882{\rm MPa}$	$1.7t$	$1.4t$	$1.1t$	$1.2t$	$1.0t$	$0.9t$	$0.6t$	$0.9t$
钢 $R_{\rm m} < 490{\rm MPa}$	$1.5t$	$1.2t$	$0.9t$	$1.0t$	$0.8t$	$0.7t$	$0.4t$	$0.7t$
黄铜、铜、铝、锌	$1.3t$	$1.0t$	$0.7t$	$0.8t$	$0.6t$	$0.5t$	$0.2t$	$0.5t$

表 2.3.12　孔的位置安排

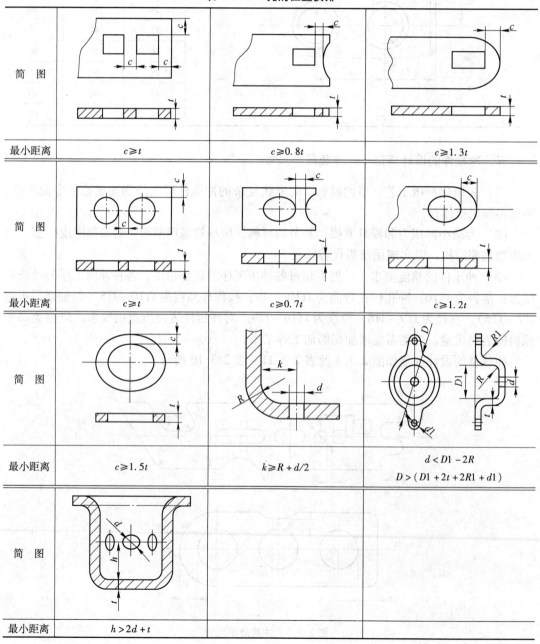

简　图			
最小距离	$c \geq t$	$c \geq 0.8t$	$c \geq 1.3t$
简　图			
最小距离	$c \geq t$	$c \geq 0.7t$	$c \geq 1.2t$
简　图			
最小距离	$c \geq 1.5t$	$k \geq R + d/2$	$d < D1 - 2R$ $D > (D1 + 2t + 2R1 + d1)$
简　图			
最小距离	$h > 2d + t$		

表 2.3.13　最小可冲孔的尺寸（为板厚的倍数）

材料	圆孔直径	方孔边长	长方孔	长圆孔
			短边（径）长	
钢（$R_m > 686$MPa）	1.5	1.3	1.2	1.1
钢（$R_m > 490 \sim 686$MPa）	1.3	1.2	1	0.9
钢（$R_m \leqslant 490$MPa）	1	0.9	0.8	0.7
黄铜、铜	0.9	0.8	0.7	0.6
铝、锌	0.8	0.7	0.6	0.5
胶木、胶布板	0.7	0.6	0.5	0.4
纸　板	0.6	0.5	0.4	0.3

注：当板厚 < 4mm 时可以冲出垂直孔，而当板厚 > 4 ~ 5mm 时，则孔的每边须做出 60° ~ 100° 的斜度。

表 2.3.14　冲裁件最小许可宽度与材料的关系

材料	最小值		
	$B1$	$B2$	$B3$
中等硬度的钢	$1.25t$	$0.8t$	$1.5t$
高碳钢和合金钢	$1.65t$	$1.1t$	$2t$
有色合金	t	$0.6t$	$1.2t$

表 2.3.15　冲裁件最小许可宽度与材料的关系

材料牌号	料厚	合理间隙（径向双面）	
		最　小	最　大
08	1	10%	14%
09Mn			
08	1.2	11%	15%
09Mn			
Q235-A			
08			
20	1.5	11%	15%
09Mn			
16Mn			
08	1.75	12%	18%
Q235-A			
Q235-A		12%	18%
08	2		
10			
20		13%	19%
09Mn	2.5	12%	18%
16Mn		13%	19%

表 2.3.16　冲裁时合理搭边值　　　　　　　　　mm

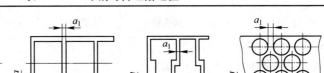

料　厚	手 送 料						自动送料	
	圆　形		非 圆 形		往复送料			
	a	a_1	a	a_1	a	a_1	a	a_1
≤1	1.5	1.5	2	1.5	3	2		
>1~2	2	1.5	2.5	2	3.5	2.5	3	2
>2~3	2.5	2	3	2.5	4	3.5		
>3~4		2.5	3.5	3	5	4	4	3
>4~5	4	3	5	4	6	5	5	4
>5~6		4	6	5	7	6	6	5
>6~8	6	5	7	6	8	7	7	6
>8	7	6	8	7	9	8	8	7

注：非金属材料（皮革、纸板、石棉等）的搭边值应比金属大 1.5~2 倍。

任务实施

冲压件成型工艺方案的设计

在对冲压件进行工艺分析的基础上，拟定出几套可能的工艺方案。通过对各种方案综合分析和相对比较，从企业现有的生产技术条件出发，确定出经济上合理，技术上切实可行的最佳工艺方案。确定冲压件的工艺方案时需要考虑冲压工序的性质、数量、顺序、组合方式以及其他辅助工序的安排。

（一）工序性质的确定

工序性质是指冲压件所需的工序种类，如分离工序中的冲孔、落料、切边，成型工序中的弯曲、翻边、拉深等。工序性质的确定主要取决于冲压件的结构形状、尺寸精度，同时需考虑工件的变形性质和具体的生产条件。

在一般情况下，可以从工件图上直观地确定出冲压工序的性质，如平板状零件的冲压加工，通常采用冲孔、落料等冲裁工序。弯曲件的冲压加工，常采用落料、弯曲工序。拉深件的冲压加工，常采用落料、拉深、切边等工序。

但在某些情况下，需要对工件图进行计算、分析比较后才能确定其工序性质。图 2.3.4 (a)、(b) 所示分别为油封内夹圈和油封外夹圈冲压工艺过程，两个冲压件的形状类似，但高度不同，分别为 8.5mm 和 13.5mm。经计算分析，油封内夹圈翻边系数为 0.83，可以采用落料冲孔复合和翻边两道冲压工序完成。若油封外夹圈也采用同样的冲压工序，则因翻边高度较大，翻边系数超出了圆孔翻边系数的允许值，一次翻边成型难以保证工件质量。因此考虑改用落料、拉深、冲孔和翻边四道工序，利用拉深工序弥补一部分翻边高度的不足。

（二）工序数量的确定

工序数量是指冲压件加工整个过程中所需的工序数目（包括辅助工序数目）的总

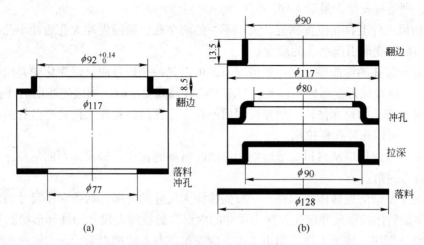

图 2.3.4　油封内夹圈和油封外夹圈的冲压工艺过程

（材料:08 钢,厚度:0.8mm）

（a）油封内夹圈；（b）油封外夹圈

和。冲压工序的数量主要根据工件几何形状的复杂程度、尺寸精度和材料性质确定，在具体情况下还应考虑生产批量、实际制造模具的能力、冲压设备条件以及工艺稳定性等多种因素的影响。在保证冲压件质量的前提下，为提高经济效益和生产效率，工序数量应尽可能少些。工序数量的确定，应遵循以下原则：

（1）冲裁形状简单的工件，采用单工序模具完成。冲裁形状复杂的工件，由于模具的结构或强度受到限制，其内外轮廓应分成几部分冲裁，需采用多道冲压工序。必要时，可选用连续模。对于平面度要求较高的工件，可在冲裁工序后再增加一道校平工序。

（2）弯曲件的工序数量主要取决于其结构形状的复杂程度，根据弯曲角的数目、相对位置和弯曲方向而定。当弯曲件的弯曲半径小于允许值时，则在弯曲后增加一道整形工序。

（3）拉深件的工序数量与材料性质、拉深高度、拉深阶梯数以及拉深直径、材料厚度等条件有关，需经拉深工艺计算才能确定。当拉深件圆角半径较小或尺寸精度要求较高时，则需在拉深后增加一道整形工序。

（4）当工件的断面质量和尺寸精度要求较高时，可以考虑在冲裁工序后再增加修整工序或者直接采用精密冲裁工序。

（5）工序数量的确定还应符合企业现有制模能力和冲压设备的状况。制模能力应能保证模具加工、装配精度相应提高的要求。否则只能增加工序数目。

（6）为了提高冲压工艺的稳定性有时需要增加工序数目，以保证冲压件的质量。例如弯曲件的附加定位工艺孔冲制、成型工艺中的增加变形减轻孔冲裁以转移变形区等。

（三）工序顺序的安排

工序顺序是指冲压加工过程中各道工序进行的先后次序。冲压工序的顺序应根据工件的形状、尺寸精度要求、工序的性质以及材料变形的规律进行安排。一般遵循以下原则：

（1）对于带孔或有缺口的冲压件，选用单工序模时，通常先落料再冲孔或缺口。选用连续模时，则落料安排为最后工序。

（2）如果工件上存在位置靠近、大小不一的两个孔，则应先冲大孔后冲小孔，以免大孔冲裁时的材料变形引起小孔的形变。

（3）对于带孔的弯曲件，在一般情况下，可以先冲孔后弯曲，以简化模具结构。当孔位于弯曲变形区或接近变形区，以及孔与基准面有较高要求时，则应先弯曲后冲孔。

（4）对于带孔的拉深件，一般先拉深后冲孔。当孔的位置在工件底部且孔的尺寸精度要求不高时，可以先冲孔再拉深。

（5）多角弯曲件应从材料变形影响和弯曲时材料的偏移趋势安排弯曲的顺序，一般应先弯外角后弯内角。

（6）对于复杂的旋转体拉深件，一般先拉深大尺寸的外形，后拉深小尺寸的内形。对于复杂的非旋转体拉深尺寸应先拉深小尺寸的内形，后拉深大尺寸的外部形状。

（7）整形工序、校平工序、切边工序，应安排在基本成型以后。

（四）冲压工序间半成品形状与尺寸的确定

正确地确定冲压工序间半成品形状与尺寸可以提高冲压件的质量和精度，确定时应注意下述几点：

（1）对某些工序的半成品尺寸，应根据该道工序的极限变形参数计算求得。如多次拉深时各道工序的半成品直径、拉深件底部的翻边前预冲孔直径等，都应根据各自的极限拉深系数或极限翻边系数计算确定。图 2.3.5 所示工件出气阀罩盖的冲压过程。该冲压件需

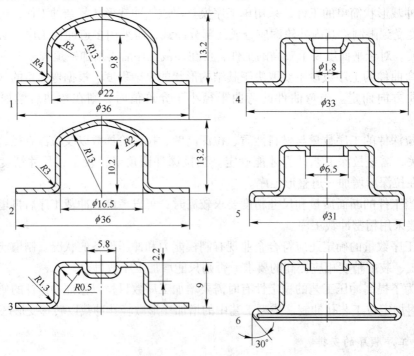

图 2.3.5 出气阀罩盖的冲压过程

（材料：H62，厚度：0.3mm）

1—落料、拉深；2—再拉深；3—成型；4—冲孔、切边；5—内孔、外缘翻边；6—折边

分六道工序进行，第一道工序为落料拉深，该道工序的拉深后半成品直径 $\phi22\text{mm}$ 是根据极限拉深参数计算出来的结果。

（2）确定半成品尺寸时，应保证已成型的部分在以后各道工序中不再产生任何变动，而待成型部分必须留有恰当的材料余量，以保证以后各道工序中形成工件相应部分的需要。例如图 2.3.5 中第二道工序为再次拉深，拉深直径为 $\phi16.5\text{mm}$，该成形部分的形状尺寸与工件相应部分相同，所以在以后各道工序中必须保持不变。假如第二道工序中拉深底部为平底，而第三道工序成型凹坑直径为 $\phi5.8\text{mm}$，拉深系数（$m = 5.8/16.5 = 0.35$）过小，周边材料不能对成形部分进行补充，导致第三道工序无法正常成型。因此，只有按面积相等的计算原则储存必需的待成型材料，把半成品工件的底部拉深成球形，才能保证第三道工序凹坑成形的顺利进行。

（3）半成品的过渡形状，应具有较强的抗失稳能力。如图 2.3.6 所示第一道拉深后的半成品形状，其底部不是一般的平底形状，而是做成外凸的曲面。在第二道工序反拉深时，当半成品的曲面和凸模曲面逐渐贴合时，半成品底部所形成的曲面形状具有较高的抗失稳能力，从而有利于第二道拉深工序。

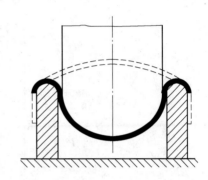

图 2.3.6　曲面零件拉深时的半成品形状

（4）设计半成品的过渡形状与尺寸时应考虑其对工件质量的影响。如多次拉深工序中，凸模的圆角半径或宽凸缘边工件多次拉深时的凸模与凹模圆角半径都不宜过小，否则会在成形后的零件表面残留下经圆角部位弯曲变薄的痕迹使表面质量下降。

任务总结

通过对冲压工件成型方案的设计，进而对冲压系统知识的总体技术有全面的认知，利用所学的知识进行合理设计冲压工艺方案。

任务评价

学习任务名称				冲压件成型工艺方案的设计		
开始时间		结束时间		学生签字		
				教师签字		
项　目		技术要求			分值	得分
任务要求		（1）方法得当 （2）操作规范 （3）正确使用工具与设备 （4）团队合作				
任务实施报告单		（1）书写规范整齐，内容详实具体 （2）实训结果和数据记录准确、全面，并能正确分析 （3）回答问题正确、完整 （4）团队精神考核				

思考与练习题

1. 如何对冲压零件进行工艺方案设计？

2. 如图 2.3.7 所示零件。生产批量：大批量；材料：镀锌铁皮；材料厚度：2mm；试选确定合理的冲压工艺。

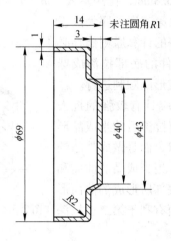

图 2.3.7　零件设计

参 考 文 献

[1] 刘润广. 锻造工艺学[M]. 哈尔滨：哈尔滨工业大学出版社，1992.

[2] 林法禹. 特种锻压工艺[M]. 北京：机械工业出版社，1991.

[3] 王秀凤，万良辉. 冷冲压模具设计与制造[M]. 北京：北京航空航天大学出版社，2005.

[4] 肖景容. 冲压工艺学[M]. 北京：机械工业出版社，2006.

[5] 胡世光，陈鹤峥. 板料冷压成形原理[M]. 北京：国防工业出版社，1989.

[6] 翁其金. 冲压工艺与模具设计[M]. 北京：机械工业出版社，2007.

[7] 杨玉英. 实用冲压工艺及模具设计手册[M]. 北京：机械工业出版社，2005.

[8] 李硕本. 冲压工艺理论与新技术[M]. 北京：机械工业出版社，2002.

[9] 梁耀能. 工程材料及加工工程[M]. 北京：机械工业出版社，2001.

[10] 程里. 模锻实用技术[M]. 北京：机械工业出版社，2010.

[11] 陈长江. 工程材料及成型工艺[M]. 北京：中国人民大学出版社，2000.

[12] 姚泽坤. 锻造工艺学[M]. 北京：机械工业出版社，2010.

[13] 工具实用丛书编委会. 冲模设计应用实例[M]. 北京：机械工业出版社，2002.

[14] 上海交大锻压组. 液态模锻[M]. 北京：国防工业出版社，1995.

[15] 吕炎. 锻造工艺学[M]. 哈尔滨：哈尔滨工业大学出版社，2001.

[16] 高年平. 塑性成形原理与锻造冲压工艺[M]. 上海：上海交通大学出版社，1999.

[17] 高锦张. 塑性成形工艺与模具设计[M]. 北京：机械工业出版社，2002.

[18] 姚泽坤. 锻造工艺学与模具设计[M]. 西安：西北工业大学出版社，2004.

[19] 林钢，林慧国，赵玉涛. 铝合金应用手册[M]. 北京：机械工业出版社，2006.

[20] 中国钢企百科. 镁合金的锻造加工.

[21] 中国废旧物资网，镁合金锻造-锻件缺陷，2009-5-28.

[22] 海川化工论坛，钛及钛合金锻造，richardbjhe，2009-4-7.

[23] 中国机械 CAD 论坛，基础理论，ahlam2，2008-3-25.

[24] 王孝培. 冲压设计手册[M]. 北京：机械工业出版社，1990.

[25] 丁松聚. 冷冲模设计[M]. 北京：机械工业出版社，2006.

[26] 翁其金. 冲压工艺与模具设计[M]. 北京：机械工业出版社，2006.

冶金工业出版社部分图书推荐

书　　名	作　者	定价(元)
中国冶金百科全书·金属塑性加工	编委会　编	248.00
楔横轧零件成型技术与模拟仿真	胡正寰　等著	48.00
冶金热工基础(本科教材)	朱光俊　主编	30.00
冶金过程数值模拟基础(本科教材)	陈建斌　编著	28.00
金属学与热处理(本科教材)	陈惠芬　主编	39.00
金属塑性成形原理(本科教材)	徐　春　主编	28.00
金属压力加工原理(本科教材)	魏立群　主编	26.00
金属压力加工工艺学(本科教材)	柳谋渊　主编	46.00
金属压力加工原理及工艺实验教程(本科教材)	魏立群　主编	28.00
金属压力加工实习与实训教程(本科教材)	阳　辉　主编	26.00
金属材料工程实习实训教程(本科教材)	范培耕　主编	33.00
钢材的控制轧制与控制冷却(本科教材)	王有铭　等编	32.00
型钢孔型设计(本科教材)	胡　彬　等编	45.00
轧制测试技术(本科教材)	宋美娟　主编	28.00
加热炉(第3版)(本科教材)	蔡乔方　主编	32.00
材料成形实验技术(本科教材)	胡灶福　等编	18.00
轧钢厂设计原理(本科教材)	阳　辉　主编	46.00
材料现代测试技术(本科教材)	廖晓玲　主编	45.00
金属压力加工概论(第2版)(本科教材)	李生智　主编	29.00
金属材料及热处理(高职高专教材)	王悦祥　主编	35.00
塑性变形与轧制原理(高职高专教材)	袁志学　主编	27.00
金属热处理生产技术(高职高专教材)	张文莉　等编	35.00
金属材料热加工技术(高职高专教材)	甄丽萍　主编	26.00
金属塑性加工生产技术(高职高专教材)	胡　新　主编	32.00
现代轨梁生产技术(高职高专教材)	李登超　编著	28.00
有色金属轧制(高职高专教材)	白星良　主编	29.00
有色金属挤压与拉拔(高职高专教材)	白星良　主编	32.00
轧钢工理论培训教程(职业技能培训教材)	任蜀焱　主编	49.00